PETITE
BOTANIQUE
DU JEUNE ÂGE,

OU

LES PLANTES À LA PORTÉE DES ENFANTS,

Lettres à Tibulle et à Léonie,

Par Timothée Dehay,

DE LA SOCIÉTÉ DE STATISTIQUE UNIVERSELLE,
de la *Météorologie du Jeune*
Enfance, du Jeune âge, etc., etc.

par Ch. Vernier.

PARIS.

GIBERT ET Cⁱᵉ, ÉDITEURS,

PLACE DE LA BOURSE.

PETITE BOTANIQUE

DU JEUNE AGE.

IMPRIME PAR BÉTHUNE ET PLON, A PARIS.

PETITE BOTANIQUE

DU JEUNE AGE,

OU

LES PLANTES A LA PORTÉE DES ENFANTS,

Lettres à Tibulle et à Léonie,

Par Timothée Dehay,

SECRÉTAIRE GÉNÉRAL DE LA SOCIÉTÉ DE STATISTIQUE UNIVERSELLE,
Auteur de l'*Almanach des Enfants*, de la *Météorologie du Jeune Âge*, de l'*Astronomie du Jeune âge*, etc., etc.

Dessins par Ch. Vernier.

PARIS.

AUBERT ET Cie, ÉDITEURS,

PLACE DE LA BOURSE.

1842

A mon Jeune Ami

TIBULLE DE BEAUPRÉ.

Étudie la nature, mon cher Tibulle ; apprends tous les soins que demande une jeune plante, et tu sauras encore mieux ce que tu dois à ta mère.

Timothée Dehay.

INTELLIGENCE DE LA BOTANIQUE.

RÉPERTOIRE

DE TOUTES LES EXPRESSIONS DE BOTANIQUE EMPLOYÉES DANS CE VOLUME, AVEC L'INDICATION DES PAGES OU ELLES SONT EXPLIQUÉES[*].

[*] Indépendamment de ce répertoire, voir à la fin de ce volume la table des matières disposées dans l'ordre des instructions botaniques.

* Les mots imprimés en caractères *italiques* dans ce répertoire ne sont, en général, cités dans cet ouvrage que pour la classification, et leur explication est renvoyée aux lettres précédentes et aux dictionnaires spéciaux.

FIN DU RÉPERTOIRE.

LETTRES A TIBULLE ET A LÉONIE

SUR

LA BOTANIQUE.

LETTRE PREMIÈRE.

DE LA BOTANIQUE.

Sa définition, son utilité, promenades botaniques.

Non, mon cher Tibulle, non, je n'ai pas oublié ma promesse. La persévérance que tu as apportée l'année dernière dans l'étude de la météorologie, les remercîments que depuis tu n'as cessé de me faire parvenir sur ma première correspondance, tes nouveaux succès au collége qui ont rendu ta bonne mère si heureuse, et le vif désir enfin que tu manifestes aujourd'hui de vouloir apprendre promptement les autres phénomènes de la nature, tout m'engage à t'adresser ces nouvelles instructions. Je voulais d'abord te laisser passer les premiers jours de tes vacances dans les jeux et les plaisirs de ton âge; mais puisque tu es le premier à me rappeler mon engagement et à m'écrire que cette nouvelle correspondance sera encore une récréation pour toi, je n'ai plus de motif pour la reculer : je reprends la plume en te recommandant toujours de ne jamais laisser une seule de mes lettres sans réponse ; c'est là, mon cher ami, l'unique moyen de me prouver que tu comprends bien mes démonstrations.

DÉFINITION DE LA BOTANIQUE.

Je pensais aussi devoir faire directement succéder l'*astronomie* à la *météorologie*. Cet ordre de correspondance eût peut-être été plus logique, car, nos observations nous ayant déjà conduits dans l'espace, nous étions naturellement amenés aux corps célestes ; mais tu me dis que ta cousine Léonie, qui passe encore cette année ses vacances à la campagne de ta mère, ne sera peut-être pas avec toi l'année suivante, et qu'elle est bien curieuse de savoir l'histoire des plantes ; de ton côté tu parais vivement préoccupé de ce désir ; je dois donc profiter de vos bonnes dispositions, car l'on apprend toujours mieux ce que l'on a bien envie de connaître, et, cette année, nous nous entretiendrons de la BOTANIQUE, la science qui s'occupe de l'étude des plantes, qui donne la connaissance méthodique de leur structure, de leurs organes, de leurs rapports, de leur développement, de leur durée et de leur reproduction ; qui indique leurs habitudes particulières et leurs propriétés générales, et enseigne la manière de les distinguer, de les classer et de les décrire.

UTILITÉ DE LA BOTANIQUE.

Tu reconnaîtras bientôt, mon ami, qu'indépendamment de son utilité pour la plus grande jouissance des biens de la terre, pour la connaissance des plantes qui conservent ou rétablissent la santé, pour l'appréciation de celles qui servent dans les arts, dans l'industrie et dans les autres usages de l'économie domestique, l'étude de la botanique, qui est déjà un délassement agréable même à la ville, est encore un exercice salutaire à la campagne.

PROMENADES BOTANIQUES.

Je ne saurais d'ailleurs trop te recommander, mon cher Tibulle, de toujours étudier mes lettres avec l'aide de notre grand maître à tous, avec le secours de la nature qui te fera mieux comprendre toutes les particularités botaniques que je tâcherai de t'expliquer. Les jardins et le parc de ta chère maman sont assez vastes pour que tu puisses y rencontrer tous

les arbres, les racines, les feuilles, les fleurs et les fruits que je te citerai continuellement pour exemples de mes instructions; et c'est pourquoi je renonce à la première idée que j'avais d'abord conçue, de t'envoyer chaque fois des dessins explicatifs. Interroge toi-même les plantes dont mon crayon ne pourrait te rendre ni les formes élégantes, ni les suaves parfums, ni les charmantes couleurs; et, avec des ciseaux, une serpette, une longue aiguille, une loupe, de petites pinces, et un scalpel à la main, apprends à mieux connaître les fleurs en les disséquant toi-même.

Dans ma prochaine lettre, mon ami, nous parlerons de la structure générale des végétaux.

LETTRE II.

LES VÉGÉTAUX.

Leur définition générale, leur structure, leurs tissus, leurs vaisseaux, leurs organes.

Te souviens-tu, mon cher Tibulle, que la seconde lettre que je t'ai adressée sur la météorologie contenait des détails assez longs qui te parurent d'abord difficiles à saisir, et que cependant tu as eu le courage de relire bien des fois, parce que je t'avais annoncé que de la connaissance générale de l'*atmosphère* dépendaient en quelque sorte toutes les autres explications météorologiques? Te souviens-tu que plus tard tu t'es souvent félicité de ta patience et de ta persévérance? Eh bien, mon cher ami, qu'il en soit de même de cette seconde lettre sur la botanique ; les premiers détails de l'explication générale des *végétaux* te paraîtront également secs et arides, mais il est indispensable que tu y prêtes quelque attention si tu veux concevoir facilement les descriptions ultérieures qui te deviendront alors beaucoup plus familières.

Du reste, mon cher Tibulle, je te dirai ici, comme je te le disais dans ma seconde lettre de météorologie : Ne cherche pas encore à approfondir dès aujourd'hui ce qui te paraîtra trop difficile dans ces explications , car, à mesure que nous avancerons dans notre correspondance, chaque nouvelle lettre te fera mieux saisir ce que tu n'auras pas d'abord compris dans celle-ci sur les *conditions générales* de l'existence des végétaux.

DÉFINITION GÉNÉRALE DES VÉGÉTAUX.

Les *végétaux*, mon ami, que généralement et vulgairement on appelle les *plantes,* sont des êtres organisés qui naissent, grandissent, se fortifient, restent stationnaires, déclinent et meurent comme les animaux ; qui respirent et transpirent comme eux ; absorbent également la nourriture ; dorment et se réveillent ; souffrent et se rétablissent ; ont besoin de surcroît d'aliments ou de diètes sévères pour se remettre d'un régime trop léger ou trop abondant ; passent par tous les degrés de l'enfance, de l'adolescence , de la jeunesse, de la puberté, de la vieillesse et de la décrépitude ; se propagent et se reproduisent ; et quoique dépourvus de sensibilité réelle, sont cependant doués d'une certaine irritabilité qui les anime de mouvements en apparence volontaires, et leur donne en quelque sorte le caractère de l'intelligence.

STRUCTURE DES VÉGÉTAUX.

Tu sauras, mon cher Tibulle, et c'est ce que je te démontrerai successivement dans mes lettres, que pour remplir toutes ces fonctions les végétaux, comme les animaux, ont, dans leur structure, des vaisseaux, des vésicules, des trachées, des pores, des bouches, des membranes, des articulations, des fibres, des nerfs, de la moelle, du chyle, des chairs, des tissus, de la peau et des épidermes ; nous les retrouverons plus tard dans la description de leurs divers organes.

TISSUS ET VAISSEAUX.

Je dois toutefois te demander dès aujourd'hui un premier moment de patience et de courage pour une description préalable des tissus et des vaisseaux qui forment l'élément primitif des végétaux : c'est principalement de ces détails arides que je t'engage à faire une première lecture à Léonie, le lendemain Léonie à son tour t'en fera une seconde, vous me ferez ensuite mutuellement part de vos observations ; et si enfin le surlendemain ta bonne mère a la complaisance de vous lire ces explications à tous deux une troisième fois, vous retirerez certainement du profit de l'émulation qui s'é-

lèvera entre vous pour prouver à cette chère maman lequel de vous deux m'aura le mieux compris.

TISSU ÉLÉMENTAIRE DES VÉGÉTAUX.

Sachez donc, mes amis, que l'élément primitif des végétaux, ou la partie solide des plantes, se présente sous deux formes principales ou deux états généraux qui ont reçu le nom collectif de *tissu élémentaire*, et les deux noms particuliers de *tissu cellulaire* et de *tissu vasculaire.*

TISSU CELLULAIRE.

Le tissu cellulaire qui existe dans tous les végétaux sans aucune exception, est composé de *lamelles* ou petites lames transparentes qui, par leur réunion en mailles accolées entre elles, forment de petites cavités ou cellules allongées les unes près des autres, et plus ou moins resserrées, ce qui donne à la plante plus ou moins de force ou de consistance.

TISSU VASCULAIRE.

Le tissu vasculaire qui n'existe que dans quelques plantes, telles que les MOUSSES, les LICHENS et les CHAMPIGNONS qui n'ont qu'un tissu cellulaire, est formé par les lamelles transparentes que je viens de t'indiquer, et qui se roulant sur elles-mêmes prennent la forme de tubes, de canaux ou de vaisseaux dont je te reparlerai plus tard, et qui servent à distribuer dans le végétal les substances gazeuses ou liquides nécessaires à l'entretien de son existence.

PARENCHYME.

Soit que le tissu existe simplement en tissu

cellulaire, soit qu'il ait la forme de tissu vasculaire, la partie de ce tissu qui conserve une consistance molle et qui peut être enlevée sans détruire la forme du végétal, comme tu l'as déjà fait plusieurs fois avec Léonie en frottant une feuille avec une brosse, a reçu le nom particulier de *parenchyme*. Nous en reparlerons ultérieurement.

FIBRES VÉGÉTALES.

L'autre partie du tissu, c'est-à-dire la réunion ou la soudure mutuelle de ces parties molles, ou, en d'autres termes, ce qui reste de la feuille après en avoir enlevé les parties molles avec la brosse, et ce qui détermine alors par conséquent un réseau formé d'un plus ou moins grand nombre de faisceaux, a reçu le nom de *fibres végétales* ou de *tissus fibreux*.

ORGANES DES VÉGÉTAUX.

Et ce sont enfin les deux modifications du tissu végétal, soit en parenchyme, soit en fibres, qui composent en se combinant diversement les différents *organes des végétaux ;* et comme je t'ai déjà répété plusieurs fois que cette lettre, qui est en quelque sorte un préliminaire de nos explications, ne doit pas être entièrement approfondie aujourd'hui, mais seulement ultérieurement consultée, je ne crains pas de te donner encore par le même courrier la division des organes des plantes en *organes principaux* et *organes secondaires*.

ORGANES PRINCIPAUX.

Les organes principaux des végétaux peuvent être classés en deux grandes divisions : les uns destinés à entretenir la vie des plantes et qui sont les *racines*, les *tiges* et les *feuilles* ; les autres destinés à les reproduire et qui sont les *fleurs* et les *fruits* qui en sont la conséquence.

Toutefois je dois te faire observer que ces organes ne sont pas toujours absolument nécessaires à la vie des végétaux. Les racines et les fleurs leur sont indispensables pour exister et se reproduire ; mais il est quelques plantes qui n'ont pas de feuilles, il en est quelques autres qui n'ont pas de tiges : nous en reparlerons à l'explication des tiges et des feuilles.

ORGANES SECONDAIRES.

Enfin je te dirai pour terminer cette longue

lettre, mon cher ami, que les organes secondaires, que l'on appelle plus ordinairement les
parties accessoires des végétaux, sont : les
épines, les *aiguillons*, les *poils*, les *cils*,

les *soies*, les *laines*, les *cotons*, les *duvets*,
les *vrilles*, les *cirrhes*, les *mains*, les *cram-*
pons, les *glandes*, les *spathes*, les *stipules*
et les *bractées* ; mais comme toutes ces par-

ties n'existent que dans certains végétaux , et qu'elles se trouvent tantôt sur tel organe, tantôt sur tel autre organe, elles n'appartiennent essentiellement ni aux uns ni aux autres, et nous aurons à en traiter séparément après avoir parlé des racines, des tiges et des feuilles.

Dans ma première lettre, mon ami, nous nous occuperons spécialement des racines.

LETTRE III.

LA RACINE.

PREMIÈRE PARTIE.

**Sa définition, son utilité, sa structure; sa
division, sa durée.**

Je vois à ta réponse, mon cher Tibulle, que
malgré ta curiosité naturelle tu n'attends pas
cette troisième lettre avec ton impatience ordinaire; car je t'ai annoncé la description de la
racine, et, comme le vulgaire, tu sembles n'avoir
qu'un regard de mépris pour cette partie des
plantes qui n'a pas les dehors éclatants qui or-
nent les autres parties des végétaux. Sache donc,
mon ami, que les racines ne sont pas simplement, comme tu le penses, des assemblages de
quelques morceaux de bois pourri; que chaque
jour, sans t'en douter, tu manges des racines ;
et que ces SALSIFIS, ces POMMES DE TERRE et ces
TRUFFES que tu aimes tant; que ces RAVES, ces
RADIS et ces RAIFORTS que tu demandes si souvent à ta mère pour ton déjeuner; que ces BET-
TERAVES enfin dont tu vois extraire le sucre,
et que Léonie appelle le cauchemar des colo-
nies, que tout cela ce sont des racines, des

racines utiles et dont la description mérite toute ton attention.

DÉFINITION DE LA RACINE.

En général, la racine est la partie du végétal située à son extrémité inférieure, qui croît dans une direction contraire aux autres parties, c'est-à-dire tend toujours à descendre dans la terre, et ne se colore jamais en vert par l'action de l'air ou de la chaleur.

UTILITÉ DE LA RACINE.

La racine sert à fixer la plante au sol pour la

garantir contre l'effort des vents, et à puiser dans la terre les substances nutritives nécessaires à son accroissement.

Les racines, qui sont d'ailleurs très-utiles à la nourriture des hommes et des animaux, comme je viens de te le démontrer, et qui servent souvent à contenir les sables, comme la LAICHE DES SABLES et le JONC MARITIME, et les terrains mouvants, comme le TRÈFLE et la LUZERNE, sont encore employées avec avantage dans les arts industriels, comme les racines de la GENTIANE et de la GARANCE ; dans les préparations médicales, comme celles de la MAUVE et de la RÉGLISSE, et dans beaucoup d'autres usages de l'économie domestique.

STRUCTURE DE LA RACINE.

La racine, mon cher ami, est composée de trois parties principales, que l'on appelle le *collet*, le *corps* et le *chevelu*. Prends une racine, par exemple une CAROTTE ou un NAVET, qui ne sont encore autre chose que des racines, et tu comprendras beaucoup plus facilement les explications que je vais te donner de chacune de ces parties.

LE COLLET.

Le collet, que l'on appelle aussi le *nœud*

vital, ou le réservoir de toute l'action vitale , est dans la racine la partie supérieure d'où partent les fibres de la plante pour prendre les directions qui leur conviennent , c'est-à-dire le point de départ d'où sortent la tige qui monte et les radicelles qui descendent.

LE CHEVELU.

Le chevelu, que l'on appelle aussi les *radicelles* , est dans la racine la partie inférieure composée de petits filaments plus ou moins nombreux en forme de tubes très-déliés, et qui à l'aide de bouches aspirantes qui les terminent et que l'on nomme *spongioles* ou *suçoirs* pompent et sucent en quelque sorte dans la terre les substances nécessaires à la nutrition de la tige.

LE CORPS DE LA RACINE.

Le corps est dans la racine la partie moyenne et ordinairement renflée, quoique variant beaucoup de forme, qui digère les aliments qu'elle reçoit des radicelles, et qui transmet ensuite par le collet au végétal le chyle que les aliments lui ont fourni.

CONSISTANCE DES RACINES.

Chacune de ces trois parties des racines a

d'ailleurs, quant à sa consistance, un *tissu cellulaire*, une *partie ligneuse* et une *écorce* dont je ne te parlerai pas aujourd'hui parce que tu en comprendras beaucoup mieux la description lorsque nous nous occuperons de la tige.

DIVISION DES RACINES.

Maintenant, mon ami, que nous connaissons la structure des racines, nous avons à les considérer : 1° d'après leur durée ; 2° d'après leurs formes ; 3° d'après leurs directions ; 4° d'après leurs forces ; 5° d'après leurs longueurs, et 6° d'après leurs couleurs.

DURÉE DES RACINES.

Les végétaux, sous le rapport de la durée de leurs racines et par conséquent de la durée de leur propre existence puisque la racine est nécessaire à leur alimentation, se divisent en quatre classes principales.

1° Les *plantes annuelles* sont celles dont les racines et les tiges prennent tout leur accroissement et périssent dans la première année, comme le FROMENT, le PIED D'ALOUETTE et le COQUELICOT.

2° Les *plantes bisannuelles* sont celles

dont les racines et les tiges achèvent tout leur accroissement et périssent dans la seconde année, comme le BOUILLON BLANC, la CAROTTE, le CHOU et le NAVET. Et généralement les plantes bisannuelles ne produisent la première année que des feuilles, et meurent la seconde année après avoir fleuri et fructifié.

3° Les *plantes vivaces herbacées* sont celles dont les racines vivent et se développent pendant plus de deux années, comme l'OSEILLE, le JONC, la PYROLE et les ASPERGES.

4° Les *plantes ligneuses* sont toutes des plantes vivaces, mais dont la consistance est toujours solide, les tiges dures et difficiles à rompre, et la persistance de plus longue durée; ce sont les arbres, les arbrisseaux et les arbustes, tels que le CHÊNE, le POMMIER, le LILAS et le ROSIER.

CATALOGUES DE BOTANIQUE.

Dans les catalogues de botanique dont tu n'as pas d'ailleurs à t'occuper dans ce moment, on désigne la durée des plantes par les signes suivants: annuelles, ⊙; bisannuelles, ♂ ; vivaces herbacées, ♃ ; et vivaces ligneuses, ♀.

OBSERVATIONS SUR LA DURÉE DES VÉGÉTAUX.

Il y a du reste une très-grande variation dans

la durée de la vie des plantes. Il est, par exemple, des végétaux éphémères, tels que la TREMELLE et quelques autres CHAMPIGNONS que la rosée du matin fait éclore, qui vivent un seul jour et périssent avec la nuit; et il y en a au contraire beaucoup d'autres qui vivent très longtemps, tels que les OLIVIERS et les CÈDRES, qui subsistent plusieurs siècles, et les NOSTOCS et les BOABABS que l'on voit arriver à plusieurs milliers d'années.

Le climat a d'ailleurs une grande influence sur la durée des végétaux; telle plante qui n'est qu'une herbe annuelle dans une région de la terre, vit plusieurs années dans une autre région : ainsi le RÉSÉDA, qui est annuel en France, est vivace en Egypte; la BELLE DE NUIT et le COBOEA, qui sont vivaces au Pérou, sont annuels en France; et le RICIN, qui est annuel dans nos climats, est en Afrique une plante ligneuse arborescente.

Je ne veux pas prolonger cette lettre, Tibulle, afin de te laisser mieux étudier la structure et la plus importante des divisions des racines; dans ma première, mon cher ami, nous aurons à les considérer sous les rapports de leurs formes, de leurs directions, de leurs forces, de leurs longueurs et de leurs couleurs.

LETTRE IV.

LA RACINE.

Ses formes, ses directions, ses forces, ses longueurs, ses couleurs ; plantes aquatiques, plantes parasites.

J'apprends avec plaisir, mon cher Tibulle, que tu regrettes d'avoir si longtemps méprisé les racines que tu trouves aujourd'hui si intéressantes, et je profite de tes bonnes dispositions pour te les faire connaître tout à fait. Ce courrier te portera donc la description de celles de leurs diverses parties qui leur ont fait donner différentes qualifications ; tu remarqueras d'ailleurs que je t'indique toujours, comme je te l'ai annoncé, quelques plantes pour exemples de chacune de mes définitions.

FORMES DES RACINES.

Les racines, mon cher ami, peuvent être, quant à leurs formes, rangées en quatre classes principales.

1° Les *racines pivotantes*, c'est-à-dire celles qui ont une structure en forme de pivot, comme le FRAISIER et le FROMENT.

2° Les *racines fibreuses*, c'est-à-dire celles qui sont formées d'une seule fibre chacune, comme la BETTERAVE et le PANAIS, ou de plusieurs fibres filamenteuses, comme l'ORME et le CHÊNE.

3° Les *racines bulbeuses*, ou les *bulbifères*, c'est-à-dire celles qui sont en forme de bulbe et d'oignon, et qui ont encore reçu le nom de *griffes*, ou de *pattes*, comme l'ANÉMONE et la TULIPE.

4° Les *racines tuberculeuses*, ou les *tubérifères*, c'est-à-dire celles qui sont en substances charnues et en formes plus ou moins renflées, avec des yeux ou des cicatrices, comme la TRUFFE et la POMME DE TERRE.

FORMES PARTICULIÈRES.

Mais, indépendamment de ces quatre dénominations générales, les racines ont encore, quant à leurs formes spéciales, reçu d'autres dénominations particulières, et on les dit :

1° *Racines simples* lorsqu'elles sont sans divisions sensibles, comme la RAVE et la CAROTTE.

2° *Racines rameuses* lorsqu'elles ont des divisions sensibles, comme le FRÊNE et le PEUPLIER D'ITALIE.

3° *Racines fasciculées* lorsqu'elles sont en

faisceaux, comme le DALHIA et la RENONCULE.

4° *Racines capillaires* lorsqu'elles sont en fibres déliées, comme l'ORGE et le LIN.

5° *Racines écailleuses* lorsqu'elles sont en forme de tunique, comme l'AIL et le LIS.

6° *Racines noueuses* lorsqu'elles sont composées de nœuds formant des renflements, comme l'AVOINE A CHAPELET.

7° *Racines articulées* lorsqu'elles ont des

étranglements de distance en distance, comme le sceau de Salomon.

8° *Racines ovoïdes* lorsqu'elles offrent un ou plusieurs tubercules arrondis en forme d'œuf, comme les orchis.

9° *Racines digitées* lorsque ces tubercules sont également divisés jusqu'à la base et en forme de doigts, comme l'orchis digitée.

10° *Racines grenues* lorsqu'elles sont composées de petits corps arrondis qui se tiennent ensemble par un filament, ainsi que les grains d'un chapelet, comme la saxifrage grenue.

11° *Racines flexueuses* lorsqu'elles éprouvent des torsions sur elles-mêmes, comme la bistorte.

12° *Racines tronquées* lorsqu'elles sont brusquement terminées, comme la scabieuse succise.

13° *Racines coniques* lorsqu'elles sont en forme de cône allongé, comme le raifort.

14° *Racines fusiformes* lorsqu'elles sont en forme de fuseau, comme la rave.

15° *Racines turbinées* lorsqu'elles sont en forme de toupie, comme le radis.

DIRECTION DES RACINES.

Les racines, en général, comme je te l'ai

déjà dit, tendent à se diriger vers le centre de la terre, mais il en existe qui se détournent de cette direction pour aller chercher la nourriture qui leur convient, et sous ce rapport on les distingue en :

1° *Racines verticales* ou plongeant verticalement à la surface de la terre, comme le PANAIS et la CAROTTE.

2° *Racines horizontales* ou suivant une direction parallèle au sol, comme l'IRIS COMMUN et l'ANÉMONE.

3° *Racines obliques* ou s'enfonçant dans une direction intermédiaire, comme le CHÊNE et l'IRIS GERMANIQUE.

4° *Racines traçantes* ou produisant çà et là des rejets, comme le SUMAC et le LILAS.

FORCE DES RACINES.

Les racines ont, en général, une grande force de végétation; elles poussent dans les terres les plus sèches, comme les PINS, et les tufs les plus durs, comme la VIGNE; elles se glissent entre les jointures des murailles et les font éclater à la longue, comme le LIERRE; elles suivent les contours les plus sinueux des fossés, comme l'ORME; elles traversent les caves et les puits les plus longs, comme l'ACACIA D'AMÉ-

RIQUE; ou elles pénètrent même dans les rochers, comme le ROMARIN.

LONGUEUR DES RACINES.

Les racines sont quelquefois très-courtes et quelquefois très-longues, mais elles ne sont pas toujours en rapport avec l'élévation de leurs tiges ; car tel arbre qui a une très-grande hauteur de tige peut avoir de très-courtes racines, et réciproquement : comme, par exemple, la LUZERNE, qui a de très-grandes racines et une très-petite tige ; tandis que le SAPIN, qui a une très-grande tige, a de très-petites racines.

COULEUR DES RACINES.

Je t'ai déjà dit, mon ami, que les racines ne prennent jamais la couleur verte, généralement elles sont brunes, bistres ou noires ; il en est toutefois qui ont d'autres nuances : telles que le MURIER, qui a ses racines saumâtres ; l'ORME, qui les a rougeâtres, et le CYTISE DES ALPES, qui les a blanches.

PLANTES AQUATIQUES.

Il y a aussi des végétaux qui vivent dans l'eau et que l'on appelle *plantes aquatiques*, telles que le NÉNUPHAR et le TRÈFLE D'EAU, qui ont, outre les racines qui les attachent à la terre, d'autres racines qui sont flottantes dans les eaux ; et d'autres plantes, telles que les LENTILLES AQUATIQUES et l'UTRICULAIRE, qui nagent à la surface du liquide sans adhérer aucunement à la terre, et se nourrissent uniquement des matières qu'elles rencontrent dans les eaux.

PLANTES AMPHIBIES.

Quelques autres plantes, qui vivent à la fois dans l'eau et sur la terre, ont reçu le nom de *plantes amphibies*, telles que la CIGUE AQUATIQUE et l'APIUM DES MARAIS.

PLANTES PARASITES.

Enfin, mon cher Tibulle, il existe quelques plantes qui n'ont réellement aucune racine dans le sol ou dans l'eau, et qui naissent et croissent sur d'autres végétaux et se nourrissent de la substance que ceux-ci reçoivent de la terre. Tu te rappelles bien ce grand jeune homme désœuvré que, l'année dernière, Léonie appelait un flâneur pique-assiette parce qu'il arrivait presque toujours chez ta mère lorsqu'il y avait un bon dîner, eh bien, mon ami, apprends que le règne végétal a aussi ses pique-assiettes, auxquels on a donné le nom de *plantes parasites*, tels, par exemple, que le SUCE-PIN et le LIERRE, qui croissent et vivent sur les arbres, le *cuscute* et les MOUSSES, qui se nourrissent dans les écorces, la GIROFLÉE COMMUNE et la VALÉRIANE ROUGE, qui absorbent les matériaux nutritifs des murailles, et les ALGUES et les LICHENS, qui végètent sur les pierres et les rochers.

Nous voilà, mon cher Tibulle, sauf ce qui regarde la *nutrition* des racines dont je te parlerai beaucoup plus tard, arrivés à la fin de mes instructions sur le premier des organes des végétaux. Je pense que, maintenant que tu vois le rôle important qu'il joue dans la nature, tu le trouveras tout à fait digne de ton attention, et je t'engage, ainsi que Léonie, à déterrer quelques plantes pour mieux étudier mes explications. Dans ma première lettre, mon ami, nous passerons à l'examen de la tige.

LETTRE V.

LA TIGE.

Sa définition, son utilité, ses divisions, sa structure générale, sa consistance ; tiges ligneuses, tiges herbacées.

Doucement... doucement donc, mon cher Tibulle !... Comment ! je te conseille de déraciner quelques plantes pour mieux comprendre mes explications, et voilà ta mère qui m'écrit que depuis trois ou quatre jours tu as continuellement la bêche et le déplantoir à la main, et que si elle te laisse faire, ainsi que Léonie, il ne restera bientôt plus une seule fleur debout dans ses parterres. C'est bien, mon cher ami, de chercher à me comprendre, mais tu peux le faire sans dévaster ainsi tout le jardin ; et malgré le dire de ta cousine, que vous ne tuez les fleurs cette année que pour mieux savoir les faire vivre l'année prochaine, je vous engage, mes chers enfants, à modérer sur ce point votre trop vif désir d'instruction, car je trouve que quant à présent vous avez assez, suivant votre propre expression, exhumé de tubercules, de bulbifères, de fibreuses et de pivotantes. Vous savez qu'aujourd'hui, mes amis, nous devons parler du second organe principal des végétaux.

DÉFINITION DE LA TIGE.

La tige, mon cher Tibulle, est cette partie des végétaux qui sort du collet de la racine, croît en sens inverse des radicelles, cherche l'air et la lumière, s'élève au-dessus de la surface de la terre, et sert de support aux autres parties de la plante.

UTILITÉ DE LA TIGE.

La tige a la triple destination de transporter à ces autres parties les sucs nourriciers puisés dans le sol par les racines, de les présenter à la chaleur vivifiante du soleil et au balancement salutaire des vents, et de les préserver, dans l'hiver, de l'humidité des terres inondées par les pluies; dans l'été, de l'ardeur du sol brûlé par le soleil; et, en toutes saisons, de l'approche et de la voracité des animaux.

DIVISION DES TIGES.

Comme nous l'avons fait pour les racines, mon cher ami, nous avons à considérer les tiges d'abord par rapport à leur structure générale, c'est-à-dire leur consistance; et ensuite par rapport à la structure particulière à chaque espèce de plantes, c'est-à-dire leurs formes, leurs surfaces, leurs directions, leurs ramifications et la position de leurs rameaux. Nous nous occuperons aujourd'hui de la structure générale. Ma première lettre contiendra ce qui a rapport à la structure particulière.

STRUCTURE GÉNÉRALE DES TIGES.

Sous le rapport de leur structure générale, les tiges sont d'abord rangées en trois classes principales : les *ligneuses*, les *sous-ligneuses*, et les *herbacées*. Examinons-les successivement.

TIGES LIGNEUSES.

Les tiges des plantes ligneuses, qui sont dures et sèches, forment un corps solide qui a reçu le nom de *bois*, et persistent dans toutes leurs parties pendant un nombre plus ou moins considérable d'années : tels le CHÊNE, le PRUNIER, le CERISIER et l'ORANGER.

TIGES SOUS-LIGNEUSES.

Les tiges des plantes sous-ligneuses, qui sont de même dures et sèches, forment également un corps solide mais dont la base seule persiste un certain nombre d'années, tandis que les extrémités périssent et se renouvellent tous les ans : tels le THYM, le CHÈVREFEUILLE, la VIGNE VIERGE et la GIROFLÉE DES MURS. J'aurai à cet égard à te reparler plus tard des plantes ligneuses et sous-ligneuses, pour t'indiquer la différence qui existe entre les *arbres*, les *arbrisseaux* et les *arbustes*.

TIGES HERBACÉES.

Les tiges des plantes herbacées, qui sont molles, flexibles et vertes dans toutes leurs parties, forment généralement un corps creux et aqueux qui a reçu le nom d'*herbe ;* et meurent entièrement la première année, après avoir donné leurs fleurs et leurs fruits : tels le MOURON, le PAVOT, la BOURRACHE et les POIREAUX.

CONSISTANCE SPÉCIALE DES TIGES.

Sous le rapport de la consistance, les tiges sont encore appelées :

1° *Tiges solides* quand elles sont sans cavité intérieure comme le MAIS et l'ABRICOTIER ;

2° *Tiges fistuleuses* quand elles sont creuses intérieurement comme l'OIGNON et l'ANGÉLIQUE.

3° *Tiges médulleuses* quand elles sont remplies de moelle comme le SUREAU et le GRAND SOLEIL.

4° *Tiges spongieuses* quand elles sont formées d'un tissu élastique compressible comme la MASSETTE.

5° *Tiges fermes et résistantes* quand on ne peut les rompre nettement en plusieurs parties comme la BISTORTE.

6° *Tiges fermes et cassantes* quand on peut les rompre nettement en plusieurs parties comme l'HERBE A ROBERT.

7° *Tiges souples et flexibles* quand elles

sont molles mais ne courbent que lorsqu'on les
fait plier comme l'OSIER et le COBOEA.

8° *Tiges souples et tombantes* quand elles
sont molles et tombantes par leur propre poids
comme le MOURON et le CHÈVREFEUILLE.

STRUCTURE DE LA TIGE LIGNEUSE.

C'est particulièrement pour cette description,
mon cher Tibulle, que je réclame toute ton attention : prie le bon jardinier Joseph de te couper bien horizontalement un jeune arbre du
jardin, un ORME par exemple ; demande à Léonie de te faire la lecture de cette lettre pendant
que tu en suivras les explications sur cet arbre
en en détachant successivement les diverses parties avec un canif et une serpette, et tu auras
beaucoup plus de facilité à comprendre qu'une
tige ligneuse contient deux parties principales,
savoir :

L'ÉCORCE qui est destinée à protéger la plante
contre l'influence des corps extérieurs, et qui
comprend dans l'ordre suivant : 1° l'*épiderme*,
2° l'*enveloppe herbacée*, 3° les *couches
corticales*, 4° le *liber*, et 5° le *cambium*.

Le BOIS qui est la partie réelle, forte et solide de la plante, et qui contient dans l'ordre

suivant : 1° l'*aubier*, 2° le *bois parfait*, 3°
le *canal médullaire*, et 4° la *moelle*.

DESCRIPTION DE L'ÉCORCE.

Prends tes instruments, mon cher ami, et
voyons d'abord les cinq parties de l'écorce :
l'épiderme, l'enveloppe herbacée, les couches
corticales, le liber et le cambium.

L'ÉPIDERME.

L'épiderme est la peau ou membrane très-
mince à l'extérieur, généralement transparente,
offrant au microscope une multitude de pores
ou petites ouvertures, et recevant sa couleur
verte de l'enveloppe herbacée.

L'épiderme se déchire sur les arbres qui acquièrent un certain volume, tels que le CHÊNE.
Tu as dû remarquer qu'il se fendille assez ordinairement sur des arbres plus petits, tels que le
GROSEILLIER. Il est d'autres arbres sur lesquels
il se détache par plaques ou par lambeaux, tels
que le PLATANE et le BOULEAU, chez lesquels il
se renouvelle presque tous les ans ; et il est
d'ailleurs une observation assez curieuse à te
faire : c'est que, malgré la facilité de l'épiderme
à se détacher de sa tige, c'est généralement la
partie du végétal qui résiste le plus à la décom-
position.

L'ENVELOPPE HERBACÉE.

L'enveloppe herbacée, qui vient après, est entièrement distincte de l'épiderme. C'est une substance spongieuse, pleine de sucs et d'une couleur verte dans les jeunes pousses, et remplie de petites cavités ou cellules ; ce qui lui a fait également donner le nom de tissu cellulaire, dont je t'ai déjà parlé.

L'enveloppe herbacée qui est très-développée dans une espèce de CHÊNE a reçu le nom particulier de *liége*.

LES COUCHES CORTICALES.

Viennent ensuite les couches corticales, qui, placées sous l'enveloppe herbacée, sont composées de plusieurs réseaux de cellules allongées et superposées les unes sur les autres.

Ces couches, plus ou moins apparentes dans les végétaux, sont produites par les couches les plus extérieures du développement du liber, dont je vais te parler.

LE LIBER.

Le liber ou le *livret*, également formé de lames plus ou moins nombreuses appliquées les unes sur les autres, a été ainsi nommé à cause de la faculté qu'ont les diverses couches qui le composent de se séparer comme les feuillets d'un livre.

LE CAMBIUM.

Enfin, mon cher ami, tu peux remarquer sur l'arbre qui te sert d'exemple que les lames du liber sont remplies de petits vaisseaux qui contiennent une liqueur à laquelle on a donné le nom de cambium. C'est une substance mucilagineuse, sans couleur, sans odeur, de la saveur de la gomme, qui provient de la sécrétion

des plantes et qui sert aux progrès de la végétation.

DESCRIPTION DU BOIS.

Encore un peu de courage, mon cher Tibulle ; car je désire que chaque lettre de ma
correspondance soit autant que possible un
petit traité complet de chacune des parties
qu'elle traite, et, quoique ce courrier soit déjà
un peu long, je veux encore, pour te faire connaître entièrement aujourd'hui la structure de
la tige ligneuse, te donner la description des
différentes parties du *bois :* l'aubier, le bois
parfait, le canal médullaire et la moelle.

L'AUBIER.

Le liber, dont je viens de te parler, s'endurcit
en vieillissant, et chaque année il produit une
couche plus resserrée qui cesse alors d'appar-
tenir à l'écorce, et qui entre dans la partie du
bois ; ce sont ces couches successives qui forment l'aubier, qui a donc une organisation analogue à celle du liber, dont il provient, quoique
avec un tissu déjà plus resserré : et cependant,
de l'autre côté, c'est un bois encore imparfait,
parce qu'il n'a pas encore acquis assez de du-
reté.

Mais, de même que pour le passage du liber

en aubier, chaque année la plus ancienne des couches de l'aubier se convertit à son tour en une couche de bois proprement dit.

La couleur blanchâtre de l'aubier se fait, du reste, toujours facilement distinguer, d'une part, du liber qui est toujours plus ou moins vert; et, d'autre part, du bois parfait qui prend ordinairement une teinte plus rembrunie.

L'aubier d'ailleurs n'est pas toujours également sensible à la vue dans toutes les espèces d'arbres; en général il est très-peu apparent dans celles dont le bois est mou, telles que le PEUPLIER et le TILLEUL, et il est très-marqué dans celles dont le bois est dur, comme l'ORME, le CHÊNE, et surtout le GAYAC.

LE BOIS PARFAIT.

Le bois parfait ou le bois proprement dit est la partie de la tige la plus dure de l'arbre, celle qui est entre l'aubier et l'étui médullaire ; chacune de ses nouvelles couches étant, comme je te l'ai déjà dit, formée chaque année par une ancienne couche d'aubier.

Je dois encore te faire remarquer que lorsque dans les arbres c'est le bois parfait qui domine avec moins d'aubier on appelle ces arbres *bois durs*, comme dans le CHARME, le CHÊNE, l'ORME et le NOYER; et que lorsqu'au contraire c'est l'aubier qui domine avec moins de bois on les appelle *bois blancs*, comme dans le PEUPLIER, le SAULE, le SAPIN et le TILLEUL.

LE CANAL MÉDULLAIRE.

Le canal médullaire, que l'on appelle aussi *l'étui médullaire*, se trouve après le bois parfait, et ne forme qu'une couche très-imperceptible qui contient ce que l'on appelle la *moelle*.

LA MOELLE.

La moelle est une substance spongieuse qui se prolonge depuis le collet de la racine jusqu'au sommet des plus petits rameaux de la tige. Cette substance, qui est verte, très-abondante et très-humide dans les jeunes pousses, devient plus blanchâtre avec les progrès de la végétation; c'est alors que les matières étrangères à la moelle s'en séparent, et qu'elle n'offre plus qu'un tissu diaphane; puis, avec l'âge, le canal médullaire se vide tout à fait, et généralement les vieux arbres ne contiennent plus de moelle.

DIFFÉRENCE AVEC LES PLANTES HERBACÉES.

Enfin, mon cher Tibulle, je te dirai en terminant cette lettre que l'organisation de la tige des plantes ligneuses est nécessairement tout autre que celle des plantes herbacées : celles-ci ne vivent qu'une année ou deux et ne sont formées que de moelle et d'écorce ; et cette différence s'explique facilement par le peu de durée de leur existence, qui ne permet pas de laisser prendre à leurs diverses couches une solidité assez grande pour les faire changer en bois.

A bientôt, je l'espère, mon cher ami ; mais cependant j'attendrai, pour t'expliquer ce qui dépend de la structure particu ière des différentes tiges, que tu me dises que tu as bien étudié et compris toutes ces instructions sur leur structure générale.

LETTRE VI.

LA TIGE.

DEUXIÈME PARTIE.

Structures particulières de la tige, ses formes, sa surface, ses directions.

Oui, certainement, mon cher Tibulle, je suis satisfait que tu aies davantage respecté les jardins de ta mère ; mais je le conçois facilement, et il ne faut pas que Léonie soit fière de ce qu'elle appelle aujourd'hui sa sobriété végétale : car pour étudier la structure des tiges ligneuses il vous suffisait en quelque sorte d'en couper une seule. Je pense bien que votre serpette aura fait plus de victimes ; mais comme il n'en était pas de même ici que dans les racines, puisque la structure des tiges ligneuses est à très-peu de chose près la même dans tous les arbres, votre curiosité a été bientôt satisfaite, et vous avez renoncé à faire de plus grands ravages. Eh bien, mes chers amis, vous aurez encore beaucoup moins à détruire pour comprendre les structures particulières des tiges, car tout ce qu'il vous reste à observer à cet égard est extérieur, et vous n'avez pas besoin de serpette pour vous rendre compte de leurs formes, de leurs surfaces, de leurs directions, de leurs ramifications et de la position de leurs rameaux.

Je vous invite encore à ne pas fatiguer votre mémoire en cherchant à vous mettre immédiatement toutes les expressions suivantes dans la tête. Faites-en seulement une première lecture, et dans vos promenades du matin emportez quelquefois cette lettre et celle qui la suivra : elles vous serviront toutes deux à établir la dénomination des diverses tiges que vous rencontrerez ; vous pourrez d'autant mieux les reconnaître que j'ai toujours soin de vous citer un ou plusieurs exemples de toutes les définitions dont je vous parle.

FORMES DE LA TIGE.

Sous le rapport de leurs formes indépendantes de leurs directions et de leurs rameaux, les tiges sont dites :

1° *Tiges cylindriques* quand elles sont rondes comme le TILLEUL, le LILAS, le ROSIER, le BOULEAU et la plupart des autres arbres.

2° *Tiges anguleuses* quand elles sont triangulaires comme le CAREX et les SOUCHETS, ou quadrangulaires comme les LABIÉES ; ou pentagonales, hexagonales, octogonales, et en général polygonales, selon qu'elles ont cinq, six, huit ou un plus grand nombre de côtés.

3° *Tiges cannelées* quand ayant beaucoup d'angles elles ont en même temps des cannelures comme le CIERGE DU PÉROU.

4° *Tiges noueuses* quand elles sont entrecoupées de nœuds comme l'ORGE et le FROMENT.

5° *Tiges articulées* quand elles sont composées de pièces jointes les unes aux autres, qui présentent des endroits plus étroits et plus minces qui se rompent lorsqu'on fléchit la tige ; comme la SAPONAIRE et l'ŒILLET DES JARDINS.

6° *Tiges géniculées* quand elles sont repliées en formant un angle très-visible comme le MOURON.

7° *Tiges effilées* quand, étant grêles ou minces, elles poussent des jets droits et longs comme le SAULE et le NOISETIER.

8° *Tiges comprimées* quand elles sont plates, mais sans former d'angle saillant sur les bords ; comme la RAQUETTE et le NARCISSE DES POÈTES.

9° *Tiges tranchantes* quand elles sont aplaties sur les bords en formant deux angles comme l'AIL A TÊTE PENCHÉE.

10° *Tiges gladiées* quand elles sont en forme de glaive comme la plupart des IRIS.

SURFACES DE LA TIGE.

Sous le rapport de leurs surfaces, et toujours indépendamment de leurs directions et de leurs rameaux, les tiges sont dites :

1° *Tiges lisses* quand elles n'offrent aucune aspérité comme la CAPUCINE et le MUGUET.

2° *Tiges raboteuses* quand elles présentent des aspérités comme la VIPÉRINE et le FUSAIN.

3° *Tiges velues* quand elles présentent des poils qui les font appeler : *soyeuses* lorsque ces poils ressemblent à de la soie comme le SAULE BLANC ; *cotonneuses* ou *laineuses* quand ils sont longs et mêlés comme le BOUILLON

BLANC et la LUZERNE DES CHAMPS, et *hispides* ou *scabres* lorsque ces poils sont âpres, roides et durs au toucher comme la BOURRACHE et le SUREAU.

4° *Tiges pubescentes* quand elles sont couvertes de poils extrêmement courts et cependant très-distincts entre eux comme le FRAISIER et la DIGITALE POURPRÉE.

5° *Tiges cuisantes* ou offrant des poils qui procurent des démangeaisons comme l'ORTIE.

6° *Tiges glabres* quand elles n'offrent absolument aucun poil comme la PERVENCHE.

7° *Tiges argentées* quand elles ont la couleur de l'argent comme le BOULEAU.

8° *Tiges épineuses* quand elles offrent des piquants qui prennent naissance dans le bois comme l'AUBÉPINE.

9° *Tiges aiguillonnées* quand les piquants ne prennent naissance que sur l'écorce comme le ROSIER (*).

10° *Tiges crevassées* quand elles sont crevassées ou remplies de gerçures à l'écorce comme la VIGNE et le CHÊNE.

11° *Tiges sillonnées* quand elles portent

* Voir plus loin la différence des épines et des aiguillons.

des sillons longs et profonds comme le PANAIS et la CIGUE.

12° *Tiges striées* quand elles portent des sillons plus légers et plus nombreux comme la CAROTTE et le PLANTAIN.

13° *Tiges ponctuées* quand elles offrent des points épars à la surface comme la RUE.

14° *Tiges pulvérulentes* quand elles offrent une poussière à la surface comme le GYROPHORA PUSTULATA.

15° *Tiges écailleuses* quand elles sont formées de pièces en forme d'écaille comme la TUSSILAGE PÉTASITE.

DIRECTION DE LA TIGE.

Sous le rapport de leurs directions, mon ami, les tiges prennent encore les dénominations suivantes :

1° *Tiges verticales* ou *dressées* lorsqu'elles s'élèvent perpendiculairement sur le plan de l'horizon comme l'IF, le PIN, le PLATANE et en général une grande partie des arbres.

2° *Tiges obliques* quand elles font un angle avec le sol comme l'ORME et le FRÊNE.

3° *Tiges montantes* ou *ascendantes* lorsqu'étant d'abord obliques elles se relèvent ensuite en formant un coude comme le TRÈFLE DES PRÉS et la VÉRONIQUE A ÉPI.

4° *Tiges droites* lorsque, quelle que soit leur direction, elles s'élèvent continuellement en tiges droites comme le SALSIFIS DES PRÉS.

5° *Tiges tombantes* ou *penchées* lorsque s'élevant un peu elles retombent aussitôt comme le ROSIER DES HAIES et la VERGE D'OR.

6° *Tiges réclinées* lorsqu'elles se courbent dans la totalité en formant un arc depuis sa base jusqu'à son sommet comme le SCEAU DE SALOMON et la PERVENCHE.

7° *Tiges couchées* quand elles s'étendent sur la terre sans y prendre racine comme la MAUVE et le SERPOLET.

8° *Tiges rampantes* ou *traçantes* quand elles s'étendent sur la terre en y prenant de nouvelles racines comme le LIERRE TERRESTRE et la NUMMULAIRE.

9° *Tiges flexueuses* ou *tortueuses* quand elles sont alternativement courbées en zigzag comme le SOLIDAGO FLEXUEUX, ou bien ondulées en courbes irrégulières comme le PALIURUS.

10° *Tiges sarmenteuses* et *grimpantes* lorsqu'elles sont longues et minces, ou ayant besoin d'un support pour se soutenir et s'y attacher au moyen d'appendices particuliers que je t'expliquerai en détail aux organes secondaires ; tels la VIGNE, le POIS DE SENTEUR, la COURGE et la CLÉMATITE.

11° *Tiges entortillées* ou *volubiles* lorsqu'elles montent en spirale autour des plantes qui l'avoisinent comme le HOUBLON et le CHÈVRE-FEUILLE qui tournent continuellement à gauche avec le mouvement du soleil, ou comme le LISERON et le HARICOT qui au contraire tournent continuellement à droite en étant en contradiction avec la marche de cet astre.

Je ne t'en écrirai pas davantage par ce courrier, mon cher Tibulle ; voilà assez de nouvelles dénominations de tiges pour aujourd'hui. Je n'aborderai que dans ma prochaine lettre ce qui a rapport à la ramification.

LETTRE VII.

LA TIGE.

TROISIÈME PARTIE.

Ses ramifications, directions de ses rameaux, tiges principales, arbres arbustes et arbrisseaux.

Je redoutais beaucoup pour la suite de notre correspondance, mon cher Tibulle, l'effet assez généralement soporifique des longues nomenclatures contenues dans ma dernière lettre; et c'est avec la plus grande satisfaction que j'apprends au contraire que tu t'es beaucoup amusé avec ta cousine, à chercher dans le jardin de nouveaux exemples des différentes structures des tiges que je t'ai indiquées. Toutes vos observations sont extrêmement justes, mes bons amis, je vois que vous m'avez lu avec attention, que vous m'avez étudié avec fruit, et c'est pourquoi je suis entièrement rassuré sur l'intérêt que vous prendrez aux autres nomenclatures assez compliquées qu'il me reste à vous adresser. Nous nous occuperons aujourd'hui de la ramification, des noms des tiges principales, et des différences qui existent entre les arbres, les arbrisseaux et les arbustes.

RAMIFICATION DE LA TIGE.

Sous le rapport de la ramification, mon cher ami, les tiges se divisent en *branches*, les branches se divisent en *rameaux* et les rameaux se divisent en *ramilles*; toutes divisions et subdivisions qui, à la grosseur près, ont la plus grande ressemblance avec la tige principale qui les a formées.

En général, à leur naissance, le plus grand nombre des tiges s'élèvent perpendiculairement; à mesure que la plante se développe, les diverses tiges, branches et ramilles s'étendent et prennent d'autres directions : ce qui a fait donner aux tiges différentes dénominations. C'est alors que la tige est dite :

1° *Tige simple*, quand elle ne comporte ni branches, ni rameaux, ni ramilles, comme le LIS, la COURONNE IMPÉRIALE et la DIGITALE POURPRÉE.

2° *Tige rameuse*, quand elle se divise en branches, rameaux et ramilles, comme le LILAS, le JASMIN et le LAURIER.

3° *Tige fourchue*, lorsqu'elle se divise en

deux branches principales ou deux fourches ; et dans ce cas on dit qu'elle est :

4° *Tige bifurquée*, quand la branche fourchue ou la fourche se divise elle-même en deux autres branches ou rameaux, comme la MACHE.

5° *Tige dichotome*, quand le rameau de la branche bifurquée est lui-même divisé une ou plusieurs fois en deux autres rameaux ou ramilles, comme le GUI.

6° *Tige trichotome*, quand le rameau de la même branche bifurquée est au contraire divisé une ou plusieurs fois en trois autres rameaux ou ramilles, comme le LAURIER-ROSE.

7° *Tige tétrachotome*, *pentachotome*, et en général *polychotome*, lorsque le rameau est une ou plusieurs fois divisé en trois, quatre ou un plus grand nombre d'autres rameaux ou ramilles.

8° *Tige prolifère*, lorsque ses rameaux et ramilles ne poussent que du sommet, comme le PIN et le SAPIN.

9° *Tige stolonifère*, lorsqu'au contraire il pousse à sa base des rejets ou petites tiges que l'on nomme *stolons* ou *drageons*, et qui se rattachent au sol en y produisant de nouvelles racines, comme le FRAISIER.

POSITION DES RAMEAUX.

Enfin, mon cher ami, on a donné aux rameaux différentes dénominations d'après leurs diverses positions sur la tige ; ainsi l'on dit que les rameaux sont :

1° *Rameaux opposés* lorsqu'ils sortent régulièrement de deux points opposés de la tige, et que ceux de dessus sont disposés en croix relativement à ceux de dessous ; comme le MARRONNIER D'INDE.

2° *Rameaux alternes* lorsqu'ils sortent régulièrement et à des distances à peu près égales de deux points non opposés de la tige, comme le TILLEUL.

3° *Rameaux distiqués* lorsqu'ils sont régulièrement rangés en deux séries tout à fait opposées, comme l'ORME.

4° *Rameaux divergents* lorsqu'ils partent d'un point commun et s'écartent plus ou moins de la tige principale qui leur a donné naissance en formant avec elle un angle plus ou moins ouvert.

5° *Rameaux croisés* lorsqu'étant opposés les paires se croisent à angle droit, comme le FRÊNE.

6° *Rameaux épars* ou *diffus* lorsqu'ils

sortent irrégulièrement de la tige sans ordre et sans observation de distances, comme le POMMIER.

7° *Rameaux pendants* ou *penchés* lorsqu'ils se penchent vers la terre en abandonnant la direction de la tige, comme le SAULE PLEUREUR.

8° *Rameaux resserrés* ou *fastigiés* lorsqu'ils se rapprochent de la tige et semblent presque appliqués, comme le PEUPLIER D'ITALIE.

9° *Rameaux étalés* lorsqu'ils s'étendent en formant un angle droit avec la tige comme l'ASPERGE.

10° *Rameaux verticillés* lorsqu'ils sont rangés en forme d'anneaux autour de la tige, comme le MÉLÈZE.

11° *Rameaux nivelés* lorsqu'ils arrivent presque tous à la même hauteur, comme les MILLE-FEUILLES.

12° *Rameaux ramassés* lorsque, quoiqu'en grand nombre, ils sont cependant réunis dans un petit espace.

NOMS DES TIGES PRINCIPALES.

Nous avons terminé, mon cher ami, les définitions de toutes les parties secondaires de la tige ; je dois maintenant te faire connaître les différents noms que l'on a donnés aux tiges principales , c'est-à-dire ce que l'on entend par *tronc, stipe, chaume, hampe, souche* et *rhizomes.*

LE TRONC.

Le tronc est la tige première des plantes li-

gneuses, qui, en général, vont en diminuant de

grosseur de la base au sommet ; tels le PRUNIER, le LILAS, le CHÊNE et le ROSIER.

LE STIPE.

Le stipe, que l'on appelle aussi la *fronde*, est la tige entièrement cylindrique, toujours aussi forte à son sommet qu'à sa base, et dont le sommet est presque toujours en couronne, comme les ALOÈS, les DRACOENA, les FOUGÈRES EN ARBRE et le PALMIER.

LE CHAUME.

Le chaume est la tige creuse et entrecoupée de nœuds, et qui est rarement ramifiée ; tels l'AVOINE, le SEIGLE, l'ORGE et le FROMENT.

LA HAMPE.

La hampe est la tige herbacée dépourvue de feuilles et qui, soit qu'elle se ramifie ou non, ne porte que des fleurs, telle que le MUGUET, la TULIPE, la JACINTHE et le PISSENLIT.

LA SOUCHE.

La souche est la tige souterraine et horizontale des plantes vivaces, cachées en tout ou en partie dans la terre, et poussant de leurs extrémités antérieures de nouvelles tiges, que l'on appelle communément les *racines progressives*, à mesure que les tiges précédentes se

détruisent, comme la SCABIEUSE SUCCISE, la SYL-
VIE et le SCEAU DE SALOMON.

LES RHIZOMES.

Enfin les rhizomes sont les tiges vivaces qui
végètent sur terre, comme les FOUGÈRES, l'IRIS
et la PARISETTE.

ARBRES, ARBRISSEAUX ET ARBUSTES.

Après la définition des différents noms des
tiges principales, je dois, mon cher ami, te
parler de la différence qui existe entre les végétaux auxquels on a donné les quatre dénominations distinctes d'*arbres*, d'*arbrisseaux*,
de *sous-arbrisseaux* et d'*arbustes*.

LES ARBRES.

Les arbres sont vivaces, ont un tronc simple
et nu à sa partie inférieure et seulement ramifié à sa partie supérieure, comme l'ORME, le
POIRIER, le CHÊNE et le TILLEUL.

LES ARBRISSEAUX.

Les arbrisseaux sont, comme les arbres, vivaces dans toutes leurs parties, mais sont plus
faibles que les arbres, et en outre se ramifient
sur leur tronc très-près de la base, comme
le NÉFLIER, le SUREAU, le LILAS et l'ÉPINE
BLANCHE.

LES SOUS-ARBRISSEAUX.

Les sous-arbrisseaux, qui sont ramifiés à la base comme les arbrisseaux, ont comme eux leurs tiges vivaces ; mais leurs rameaux périssent et se renouvellent tous les ans : comme le THYM, la SAUGE et la DOUCE-AMÈRE.

LES ARBUSTES.

Les arbustes, qui, malgré leur petitesse, sont durs et vivaces comme les arbres, diffèrent des arbrisseaux en ce qu'ils ne renouvellent pas leurs rameaux tous les ans : telles les BRUYÈRES et les DAPHNÉES.

AUTRES DIFFÉRENCES GÉNÉRALES.

Il est encore une observation importante à te faire pour la distinction de ces quatre sortes de végétaux.

Les *arbres* et les *arbrisseaux* poussent en automne, à l'époque où la végétation est en quelque sorte suspendue, et dans les aisselles de leurs feuilles, des boutons et bourgeons qui se développent au printemps ; tandis que les *sous-arbrisseaux* et les *arbustes* attendent le renouvellement de la sève, c'est-à-dire les approches du printemps, pour produire et montrer leurs bourgeons.

Cette observation, mon cher Tibulle, m'amène tout naturellement à te parler des *boutons* et *bourgeons;* mais je remets ces instructions à mon premier courrier, celui-ci te porte déjà assez de nouveaux éléments pour utiliser vos prochaines promenades botaniques.

LETTRE VIII.

LA TIGE.

QUATRIÈME PARTIE.

Boutons et bourgeons, vaisseaux et trachées, grosseur des tiges, plantes sans tiges.

Tu ne saisis pas encore entièrement la différence qui existe entre les arbrisseaux et les
sous-arbrisseaux, mon cher Tibulle, ainsi que
celle que je t'ai signalée entre les sous-arbrisseaux et les arbustes ; je n'en suis pas étonné,
parce que tu ne pourras bien établir de distinction entre ces classes de végétaux que lorsque
tu sauras ce que l'on entend par *boutons* et
bourgeons : c'est ce que je vais essayer de te
faire comprendre dans cette lettre, dans laquelle
je te donnerai aussi la description , que je t'ai
annoncée depuis long-temps, des vaisseaux et
des trachées des plantes , et que je terminerai
par quelques détails sur la hauteur et la grosseur des tiges.

BOUTON, OEIL, BOURGEON.

Les bourgeons, en terme général, sont des
abrégés de la tige, de la branche, du rameau et
de la ramille qui ne sont pas encore développés

parce qu'ils sont arrêtés par le refroidissement de la température, ce qui leur a fait donner le nom de *rameaux avortés* ou produits par une sève intermédiaire qui n'ayant pas assez de force pour engendrer un rameau, en a cependant assez pour faire pousser un bourgeon.

Ils naissent donc tous à l'extrémité des rameaux et ramilles, ou bien dans les *aisselles* des arbres, c'est-à-dire au point de contact de la tige avec la branche, de la branche avec le rameau, ou du rameau avec la ramille.

Les bourgeons des arbres ou arbrisseaux se

présentent d'abord en automne sous la forme d'un *œil* ou point imperceptible qui, en se développant, prend le nom de bouton; il reste dans cet état pendant tout l'hiver; au printemps le bouton se dilate, se gonfle, se développe, et devient un bourgeon, lequel en continuant à se développer devient une branche, un rameau ou une ramille.

FORMES DES BOURGEONS.

Il y a trois sortes de bourgeons :

1° Les *bourgeons à feuilles*, que l'on appelle *fotiifères*, qui ne produisent que du bois et des feuilles et qui sont oblongs et un peu aigus.

2° Les *bourgeons à fleurs* que l'on appelle *florifères*, qui ne produisent que des fleurs, et par suite des fruits, et qui sont ronds et gonflés.

3° Les *bourgeons doubles*, que l'on appelle *mixtes*, qui renferment des feuilles et des fleurs, et qui tiennent de la forme des deux précédents, c'est-à-dire qu'ils ne sont ni entièrement ronds ni entièrement aigus.

FORCE DES BOURGEONS.

Les bourgeons varient d'ailleurs de grosseur, suivant l'âge de la plante qui les porte; quand elle est jeune, le bourgeon est très-gros et il devient plus petit à mesure que la plante vieillit.

CONSTITUTIONS PARTICULIÈRES AUX CLIMATS.

Les plantes qui naissent dans les pays froids ont des bourgeons avec des écailles sèches, scarieuses, laineuses ou glutineuses, plus ou moins serrées les unes sur les autres, qui les garantissent contre le froid et l'humidité.

Les plantes qui naissent dans les climats chauds, comme la zone torride, n'ont généralement pas d'écailles à leurs bourgeons.

Et il est encore à remarquer que les bourgeons des arbres les plus sensibles à la pluie sont recouverts d'un vernis que l'eau ne peut dissoudre, comme les bourgeons du MARRONNIER.

BOURGEONS SOUTERRAINS.

Généralement le bourgeon proprement dit se développe à l'air libre et à la lumière du soleil; cependant quelques-uns croissent en terre : ce qui leur a fait donner le nom de *bourgeons souterrains*, indépendamment des noms particuliers adoptés pour plusieurs espèces de végétaux. — C'est ainsi que l'on appelle *turion* le bourgeon de l'*asperge*, c'est-à-dire la partie de l'asperge qui se mange; *tubercule* le bour-

geon de la POMME DE TERRE ; *bulbe* le bourgeon du LIS, et *bulbille* le bourgeon de l'AIL.

VAISSEAUX ET TRACHÉES.

En te parlant sommairement du tissu vasculaire dans ma seconde lettre, mon cher Tibulle,
je t'ai dit que je te reparlerais plus tard des divers vaisseaux qui servent à apporter à la plante
les aliments et l'air nécessaires à son existence.
— C'est maintenant que nous devons nous occuper de ces vaisseaux que l'on peut diviser en
trois classes principales, qui, d'après leurs différentes fonctions, ont reçu les noms différents de
vaisseaux séveux, *vaisseaux propres* et
vaisseaux-trachées.

VAISSEAUX SÉVEUX.

Les vaisseaux séveux ou *lymphatiques*
sont ceux qui donnent passage aux sucs nourriciers, ou sucs séveux remplis d'une liqueur
transparente, limpide, fade et aqueuse, qu'on
appelle *sève* ou *lymphe*, qui consiste dans le
suc absorbé par les racines des plantes, et, comme
nous le verrons plus tard, par les pores des
feuilles, et qui est destinée à être élaborée dans
l'intérieur des tiges et transformée en tout ou en
partie en matière nutritive.

La sève ou la lymphe, qui est quelquefois très-peu visible dans quelques plantes, paraît au contraire généralement abondante dans beaucoup d'autres, comme l'ÉRABLE, le BOULEAU, le NOYER, le CHARME et la VIGNE. Tu te moquais un jour de Léonie en lui disant qu'un arbre ne pouvait pas pleurer parce qu'il fallait avoir des yeux pour pleurer, et cependant ta cousine avait raison en te répétant avec le jardinier Joseph : «Oui, voilà la VIGNE qui pleure ; » car c'est bien là, mon cher Tibulle, l'expression convenable en cette circonstance et celle dont on se sert habituellement pour désigner l'abondance de la sève dans la vigne.

VAISSEAUX PROPRES.

Les vaisseaux propres, mon ami, sont ceux qui font circuler les *sucs* particuliers au caractère de chaque plante, sucs différents qui proviennent de leurs écorces différentes, et qui par suite leur donnent à toutes une vertu particulière. C'est ainsi que d'après leurs propriétés ces sucs ont été appelés :

1° *Sucs gommeux* dans l'ABRICOTIER.

2° *Sucs térébenthineux* : le PISTACHIER.

3° *Sucs résineux* dans le PIN.

4° *Sucs balsamiques* dans le SAPIN.

5° *Sucs visqueux* dans le PICEA.

6° *Sucs goudronneux* dans le MÉLÈZE.

7° *Sucs glueux* dans le HOUX.

8° *Sucs séreux* dans le MIRIFICA.

9° *Sucs camphreux :* le LAURIER DES INDES.

10° *Sucs oléagineux* dans la NAVETTE.

11° *Sucs succulents* dans le POURPIER.

12° *Sucs laiteux* dans le FIGUIER.

13° *Sucs sucrés* dans la BETTERAVE.

14° *Sucs acides* dans le CITRON.

15° *Sucs amers* dans la CHICORÉE.

16° *Sucs narcotiques* dans le TABAC.

17° *Sucs assoupissants :* la MANDRAGORE.

18° *Sucs âcres* dans la TITHYMALE.

19° *Sucs corrosifs* dans l'EUPHORBE.

20° *Sucs cuisants* dans l'ORTIE.

21° *Sucs adoucissants* dans le JUJUBE.

22° *Sucs purgatifs* dans le JALAP.

23° *Sucs apéritifs* dans le FUMETERRE.

24° *Sucs colorants* dans la GARANCE.

Les différents sucs d'ailleurs se trouvent à différentes places dans les arbres, tels que la *résine* du PIN qui séjourne dans des vésicules sous l'épiderme ; la *sandaraque* ou *gomme* du GENIÈVRE qui circule entre l'écorce et le bois ; la *poix* du PICEA qui suinte sur le bois ; et la *térébenthine* du PISTACHIER qui s'amasse dans le corps même du bois.

VAISSEAUX-TRACHÉES.

Enfin, mon cher ami, les vaisseaux-trachées sont ceux qui sont destinés à la respiration et à la transpiration des végétaux, c'est-à-dire à la circulation de l'air qui s'est introduit dans la plante avec la sève par les racines, par l'écorce des tiges, ou bien par les pores des feuilles, ce que je me réserve de t'expliquer plus tard lorsque nous aurons fait connaissance avec la structure des feuilles.

GROSSEUR DES TIGES.

Il me reste encore, mon ami, pour terminer ce qui a rapport aux tiges, à te dire quelques mots de leur grosseur et de leur hauteur possibles.

Quoique l'on rencontre dans plusieurs parties de la France des ORMES, des TILLEULS, des IFS et des CHÊNES d'une grosseur extraordinaire, et que l'on voie, par exemple, en France, près d'Yvetot, un CHÊNE dont la base a trente pieds de circonférence et dans laquelle se trouve creusée une chapelle consacrée à la Vierge; c'est néanmoins dans les contrées lointaines que l'on trouve plus particulièrement des tiges ligneuses dont l'aspect colossal étonne le voyageur.

Ainsi A. Michaux a vu, sur les rives de l'Ohio,

un PLATANE ayant quarante-sept pieds de tour ;
M. de Humboldt cite, aux îles Canaries, un
DRAGONIER avec cinquante-quatre pieds de cir-
conférence ; George Stanton signale, au Cap-
Vert, un BOABAB qui en avait soixante-six ;
Adanson cite, au Sénégal, un SANG-DRAGON qui
a près de quatre-vingt-dix pieds de tour ; on

a bâti une cabane de sept pas de largeur sur
huit de longueur dans le fameux CHATAIGNIER

du mont Etna, qui a cent cinquante pieds de tour et présente à sa base une ouverture assez large pour que deux voitures de front le traversent de part en part; et Pline fait mention dans ses ouvrages d'un PLATANE de près de cent soixante pieds de circonférence qui existait de son temps, et dans lequel le consul romain Lucianus soupa et coucha avec vingt et une personnes de sa suite.

PLANTES SANS TIGE.

Tu sauras enfin, mon cher Tibulle, qu'il y a des végétaux qui n'ont pas de tige, ou qui ont des tiges si courtes que l'on ne peut pas les distinguer du collet de la racine ; ces plantes ont reçu le nom de *plantes acaules:* de ce nombre sont les MOUSSES, la MANDRAGORE, la DENT-DE-LION et le PLANTAIN LANCÉOLÉ.

Nous sommes maintenant, mon ami, arrivés à une nouvelle période de notre correspondance; nous connaissons la racine et la tige, dans ma première lettre nous commencerons l'explication de la feuille.

LETTRE IX.

LA FEUILLE.

PREMIÈRE PARTIE.

Sa définition, son utilité, ses divisions, sa structure générale.

Je conçois, mon cher Tibulle, toute l'impatience de ta jeune cousine qui aime tant à cultiver son petit jardin, de me voir arriver à l'explication des fleurs, et permets-moi de le dire, toute ton impatience à toi, mon cher ami, qui aimes tant à visiter les vergers et les potagers, de me voir arriver à l'explication des fruits ; mais encore un peu de patience, mes amis : pour bien comprendre la botanique, il faut l'apprendre avec régularité et méthode ; et nous avons encore à nous occuper de l'étude des *feuilles* et de leurs nombreuses variétés, auxquelles nous consacrerons plusieurs lettres que je t'engage à lire avec beaucoup d'attention.

DÉFINITION DE LA FEUILLE.

Les feuilles sont des expansions ou des lames minces, molles, membraneuses, poreuses, et généralement de couleur verte, qui naissent sur la tige, sur les rameaux et sur les ramilles, et quelquefois partent immédiatement du collet de la racine.

Je t'ai déjà dit d'ailleurs que les feuilles sortent des bourgeons, et l'on a donné le nom général de *préfoliation* aux différentes positions que prennent les feuilles dans les bourgeons qui leur servent de berceaux.

UTILITÉ DES FEUILLES.

Les feuilles sont d'abord destinées à protéger les nouveaux bourgeons, les fleurs et les fruits contre les fortes pluies ou les trop grandes chaleurs du soleil ; car si on enlève les feuilles avant l'entière maturité de la plante, les fleurs se fanent bientôt et par suite les fruits perdent leur saveur : c'est ce que tu concevras plus aisément lorsque je te parlerai des maladies des plantes.

Elles amassent les nuages par leurs mouvements et déterminent ainsi la chute nécessaire des eaux du ciel.

Elles sont encore avec les racines les principaux organes par lesquels le végétal absorbe la substance nutritive, ce qui leur a fait donner le nom de *racines aériennes*, qui augmen-

tent l'énergie de la sève nourricière et la diri-
gent vers les jeunes bourgeons.

Elles renferment, comme les tiges, de petits
vaisseaux en spirale ou trachées qui sont de
véritables poumons destinés à pomper l'air et
les vapeurs de l'atmosphère et à les faire circuler dans la plante.

Et de même qu'elles sont les organes du
mouvement et de la respiration des végétaux,
de même elles servent à leur transpiration et à
leur exhalation ; car c'est par elles que la sève
se débarrasse des principes aqueux qu'elle contient, en rejetant les fluides devenus inutiles à
la végétation : c'est ce que t'expliquerai davantage dans ma lettre suivante.

Enfin les feuilles tombées ont encore leur
utilité ; amoncelées au pied des plantes, elles
abritent d'abord la racine contre les premiers
froids de l'hiver, elles entretiennent autour de
la graine l'humidité et la chaleur favorables à
la germination, et elles se convertissent ensuite
en *humus* ou *terreau* destinés à la nourriture des plantes.

Vous serez, jé l'espère, satisfaits, mes bons
amis, d'apprendre toutes ces grandes propriétés
des feuilles que votre désir de connaître plus tôt
les fleurs et les fruits vous faisait ce matin

trouver si peu intéressantes; j'arrive maintenant à la nomenclature de leurs nombreuses subdivisions.

DIVISIONS DES FEUILLES.

Les feuilles offrent un nombre considérable de variétés, de genres et d'espèces; nous aurons à les considérer successivement comme nous l'avons fait pour les tiges.

D'abord d'après *leurs structures générales*, c'est-à-dire d'après l'organisation commune de toutes les plantes, leurs principes de nutrition, de respiration, de transpiration et leurs diverses maladies.

Et ensuite d'après *leurs structures particulières*, c'est-à-dire d'après 1° leur ordre de succession; 2° leur durée; 3° leur nature simple ou composée; 4° leur substance ou consistance; 5° leurs nervures; 6° leurs surfaces et couleurs; 7° leur insertion sur la tige; 8° leurs directions; 9° leurs formes entières; 10° leurs bords ou circonférences; 11° leurs lobes ou échancrures; 12° leurs bases et sommets.

Mais tu dois bien comprendre, mon ami, d'après ces nombreuses divisions et subdivisions, qu'il me faudrait deux ou trois fois au moins le temps de tes vacances pour t'entretenir de toutes les expressions qui leur sont particulières. Je me bornerai donc à te définir les principales et nous suppléerons aux autres de la manière suivante :

Tu sais que je t'ai promis de te faire cadeau d'un ouvrage pour chacun des *accessits* que tu remporterais au collége. Cette année, indépendamment de tes deux prix, ton nom a encore été proclamé trois fois : c'est donc trois ouvrages que je te dois, et je t'envoie toujours aujourd'hui un dictionnaire abrégé de tous les *termes de botanique,* dans lequel tu devras chercher la signification de toutes les expressions que je t'indiquerai sans pouvoir te les expliquer dans ma correspondance.

Nous ne nous occuperons d'ailleurs dans cette lettre que de la première partie de la structure générale ; c'est-à-dire de la définition de toutes les parties principales de la feuille.

STRUCTURE GÉNÉRALE DES FEUILLES.

On distingue généralement dans la structure des feuilles, mon cher ami, les parties suivantes :

Le *pétiole,* petit faisceau de fibres, ou espèce de queue plus ou moins grêle et allongée,

tantôt cylindrique, tantôt aplatie, tantôt creusée en gouttière, et qui joint la feuille à la tige
et lui sert de support. Quelquefois aussi il n'y
a pas de pétiole, et alors la feuille qui part
immédiatement de la tige est dite *feuille sessile*. Je t'en citerai un exemple en parlant de
l'insertion des feuilles.

Le *disque* ou le *limbe*, qui est toute la
partie de la feuille moins le pétiole.

La *base*, qui est le point même par lequel la
feuille adhère au pétiole ou à la tige si elle n'a
pas de pétiole.

Le *sommet*, qui est l'extrémité de la feuille
qui est directement opposée au pétiole.

La *circonférence* ou la *circonscription*,
qui est la forme décrite par les bords de la
feuille.

Les *nervures*, dont la principale, ou la
nervure médiane qui partage la feuille en
deux parties, est le prolongement du pétiole,
et qui sont successivement formées par des
fibres ou vaisseaux appelés *nervures secondaires*, qui se ramifient en d'autres fibres ou
vaisseaux plus petits que l'on nomme *veines*,
lesquels à leur tour se ramifient en d'autres
fibres ou vaisseaux plus petits appelés *vésicules*
qui deviennent de plus en plus nombreux et

petits à mesure qu'ils s'éloignent du pétiole, et constituent dans leur ensemble la charpente de la feuille que l'on appelle le *réseau* ou le *squelette de la feuille*. Je dois ici te faire observer que, malgré la ressemblance de leurs noms, les nervures n'ont aucune analogie de structure ou d'usage avec les nerfs des animaux ; ce sont des faisceaux de vaisseaux poreux, et des vaisseaux-trachées dont je te reparlerai plus loin.

Le *parenchyme*, que je t'ai déjà mentionné au tissu cellulaire des plantes en général, et qui est la matière molle qui remplit les interstices ou les *mailles* du réseau formé par les nervures, matière appelée *chlorophylle* et qui donne à la feuille la couleur verte. Il y a cependant quelques plantes, telles que l'HYDRO-GÉTON, qui n'ont pas de parenchyme et qui ne sont composées que de nervures ; c'était aussi une de ces plantes que Léonie te montrait un jour à Meudon en te disant que c'était de la dentelle.

L'*épiderme*, qui est la pellicule ou la petite peau qui recouvre la surface de la feuille et que l'on trouve plus ou moins apparent dans les diverses feuilles.

Et enfin les *faces de la feuille*, qui sont

naturellement au nombre de deux ; qui naissent généralement avec les mêmes apparences, mais en croissant changent d'aspect, prennent des caractères particuliers et sont d'ailleurs destinées à des fonctions différentes, savoir :

La *face inférieure*, c'est-à-dire celle qui regarde la terre, qui est destinée à seconder les racines en absorbant par des pores nombreux, que l'on appelle *stomates* ou *pores de nutrition*, les vapeurs nutritives de l'atmosphère, et qui est ordinairement terne et couverte d'aspérités et de petites côtes en relief de nervures.

Et la *face supérieure*, c'est-à-dire celle qui regarde le ciel, qui est destinée à absorber l'air nécessaire à la plante et à exhaler les liqueurs sécrétées par d'autres pores nombreux que l'on appelle *pores de respiration et de transpiration*, qui par conséquent remplit des fonctions tout à fait différentes de celles des pores stomates de la face inférieure, et qui est ordinairement plus lisse, plus ferme et plus brillante.

Telles sont, mon cher ami, les parties principales de la feuille. Nous parlerons dans ma première lettre de la nutrition des plantes, de leur transpiration et de leurs maladies.

LETTRE X.

LA FEUILLE.

Nutrition des plantes, transpiration, maladies, plantes sans feuilles.

Déjà, plusieurs fois, mon cher Tibulle. il a été question, dans mes lettres, de la nutrition, de la transpiration et des maladies des végétaux ; mais comme la plupart de ces démonstrations dépendent de la connaissance de la structure des feuilles, je n'ai dû jusqu'ici t'en parler que très-sommairement ; je crois devoir aujourd'hui t'en donner une plus grande explication.

NUTRITION DES PLANTES.

La plante qui est constamment fixée au sol ne peut pas, comme les animaux, aller chercher au loin sa nourriture. C'est pourquoi la nature a pourvu à ses besoins en mettant près d'elle les substances qui sont nécessaires à son existence ; et l'on appelle *nutrition des plantes* la fonction par laquelle les végétaux s'assimilent une partie des substances solides, liquides ou gazeuses, qu'elles puisent dans la terre par les racines, ou dans l'atmosphère par les feuilles; fonction qui résulte de l'accomplissement de trois actes secondaires : l'*absorption* des sucs nourriciers, leur *circulation* dans toutes les parties de la plante, et l'*exhalation* de ceux qui ne lui sont plus nécessaires.

Sans entrer avec toi, mon cher Tibulle, dans des détails des gaz hydrogène, oxygéné ou nitrogène qui existent dans la composition de l'air et de l'eau, détails qui appartiennent plus spécialement à la science de la *chimie*, à laquelle nous pourrons peut-être consacrer un jour une nouvelle correspondance, je te dirai toujours, mon ami, que les substances propres à la nutrition des plantes sont, en général, des produits de l'air, de la terre et de l'eau ; que la terre dans laquelle se trouvent les végétaux ne doit être ni trop molle ni trop sèche ; que le vent trop vif leur est tout aussi contraire que la presque privation d'air ; et que l'eau, qui est la partie la plus indispensable à leur existence, leur est également nuisible si elle leur arrive en trop grande quantité. — Ceci, mon cher ami, nous amènera naturellement à parler des maladies des végétaux ; mais auparavant disons encore quelques mots sur leur *transpiration*.

TRANSPIRATION DES PLANTES.

La transpiration des plantes, qui est formée par une certaine quantité de fluides nourriciers qui sont réduits en vapeur, doit être considérée sous deux rapports particuliers : la *transpiration insensible* et la *transpiration sensible*.

TRANSPIRATION INSENSIBLE.

La transpiration insensible, c'est-à-dire celle que l'on n'aperçoit pas, est celle qui part par les feuilles qui donnent passage à des liqueurs sècrétées de la sève, ce dont tu peux t'assurer toi-même en coupant une branche d'un arbre ; pèse-la d'abord avec beaucoup de soin, laisse-la reposer plusieurs jours, pèse-la ensuite de nouveau avec beaucoup d'attention, et tu trouveras une diminution dans son poids, ce qui te prouvera que la substance a été dissipée par une transpiration insensible. Des remarques de ce genre ont établi, par exemple, que le TOURNESOL transpire en vingt-quatre heures dix-neuf fois autant qu'un homme.

TRANSPIRATION SENSIBLE.

La transpiration sensible, au contraire, est

celle qui s'aperçoit dans un grand nombre de végétaux : c'est , en général, une matière grossière et plus abondante, que l'on voit sortir des plantes et qui doit venir des sucs, telle, par exemple, que la *résine épaisse* de la FRAXINELLE, d'où se dégagent de petits corps volatils ; quelquefois c'est une autre *matière résineuse* plus légère qui se répand dans l'atmosphère et s'enflamme en approchant une bougie. D'autres fois encc. e c'est une espèce de *manne* ou de *substance mielleuse* qui s'accumule et s'y endurcit, et c'est pourquoi tu vois si souvent les mouches et les abeilles venir se fixer sur les feuilles des ORANGERS, des SAULES et des NOYERS, lorsque cette substance est devenue plus liquide par la présence de la pluie ou de la rosée.

MALADIES DES PLANTES.

Je t'ai dit, mon bon ami, que les plantes avaient quelquefois des symptômes sensibles qui dénotaient leurs souffrances, et qu'elles avaient, comme les animaux, des *maladies* qui affaiblissaient leurs forces vitales ; et c'est d'après ce dire que ta malicieuse petite cousine a cru ne faire qu'une simple plaisanterie en me faisant demander, dans ta dernière lettre, combien les plantes payaient les visites de leurs médecins. Eh bien, dis-lui, mon bon ami, que l'expression de *médecin* n'est pas ici déplacée, parce que toutes ces maladies exigent réellement des soins et des traitements particuliers que l'on peut comparer aux ordonnances qui prescrivent la diète, ou une nourriture plus substantielle, ou bien des vêtements plus froids ou des vêtements plus légers, ou bien encore plus d'exercice ou plus de repos. Et, en effet, toutes ces maladies proviennent généralement de l'insuffisance ou de l'abus de la nourriture qui leur procure de l'amaigrissement ou de véritables indigestions ; ou bien de l'absence ou de la trop grande intensité de la chaleur suivie quelquefois de froids subits qui occasionnent le défaut de transpiration ; ou bien encore de la privation ou de la trop grande quantité de l'air ou de la lumière, qui par suite leur amènent trop de sécheresse ou trop d'humidité.

Certainement, mon cher ami, le *grand médecin*, le véritable médecin qui rend la force aux plantes malades, c'est la nature et ses précieux météores ; ce sont généralement les pluies, les rosées, les vents et les nuages qui viennent sauver les plantes expirantes ; mais le médecin particulier, le *médecin à la visite*, et ici je veux répondre à la plaisanterie de Léonie, c'est le jardinier, c'est le bon Joseph que vous voyez si souvent arroser les

plantes qui souffrent, les mettre à l'ombre ou les exposer au soleil, et leur procurer un terrain plus gras ou une terre plus légère.

Et n'avez-vous pas vous-mêmes reconnu,

mes amis, que pour soigner les végétaux il ne faut pas toujours employer les mêmes procédés? que si, par exemple, on rend la fraîcheur aux plantes en donnant de l'eau à leurs racines, on peut encore arriver au même but en se bornant à arroser leurs feuilles, qui remplissent alors les fonctions actives de bouches aspirantes qui absorbent l'humidité?

Et si vous doutiez de ce phénomène de la vertu des feuilles, je vous dirai que, dans un moment de chaleur ou de sécheresse, où les tiges sont inclinées et en quelque sorte flétries, il suffit, pour les relever complétement, d'une légère pluie qui arrive aux feuilles sans pouvoir pénétrer la terre, et qui par conséquent n'a pu faire parvenir l'humidité à la plante par les racines; et n'en est-il pas de même dans les nuits fraîches et humides, mais sans pluie, qui rafraîchissent la terre et par conséquent les racines, et qui font du bien aux plantes fatiguées dans le jour et dont toutes les feuilles ont été flétries par la chaleur?

Je demanderai enfin à Léonie, puisqu'elle se sert encore de cette expression, si elle ne reconnaît pas l'utilité d'un *chirurgien au cachet* dans cette double circonstance, au moins surprenante, d'un arbre brisé ou d'une branche cassée, qui en général rendent le reste de l'arbre ou de la branche languissant, tandis que l'un et l'autre reprennent la vie aussitôt qu'à l'instar du chirurgien le soigneux jardinier s'est empressé de nettement couper ses parties fracturées.

PLANTES SANS FEUILLES.

Je te dirai encore aujourd'hui que, quoique presque toutes les plantes nous présentent des feuilles, cependant quelques-unes, telles que le CACTUS et le SALICORNE, font exception à cette règle générale et ont des tiges sans aucune feuille apparente; cela tient à ce que les feuilles qu'elles produisent sont ou invisibles, ou très-petites, ou d'une structure qui s'éloigne beaucoup des autres végétaux; c'est alors la tige qui remplit les fonctions de l'absorption, de la respiration et de la transpiration. — Ces tiges sans feuilles ont reçu le nom de *tiges aphylles*.

Dans ma première lettre, mon cher Tibulle, nous passerons à l'explication des structures particulières.

LETTRE XI.

LA FEUILLE.

Structure particulière, succession, durée, composition, substance, nervures, surfaces.

C'est surtout dans cette lettre, mon cher ami, que je t'engagerai souvent à avoir recours au dictionnaire des expressions de botanique que je t'ai envoyé ; c'est en quelque sorte te prévenir que ce courrier ne t'apportera que des nomenclatures un peu arides ; prends-en seulement une première lecture et consulte-les ensuite lorsque tu voudras faire de nouvelles excursions botaniques.

Tu sais que, pour connaître la structure particulière à chaque espèce de fleurs, nous avons à les considérer sous les douze rapports de leur succession, leur durée, leur composition, leur consistance, leurs nervures, leurs surfaces, leurs insertions, leurs directions, leurs formes entières, leurs bords, leurs échancrures, et enfin leurs bases et leurs sommets.

SUCCESSION DES FEUILLES.

Sous le rapport de leur arrivée ou de leur

succession, c'est-à-dire de l'époque à laquelle elles apparaissent et se succèdent dans le même individu pendant toute l'existence de la même plante, les feuilles sont divisées en trois classes :

1° Les *feuilles séminales*, qui sortent de la graine même au moment de la germination.

2° Les *feuilles primordiales*, qui suivent les séminales et ont beaucoup de rapport avec elles.

3° Enfin les *feuilles caractéristiques*, qui suivent les primordiales et restent les mêmes jusqu'à la mort.

DURÉE DES FEUILLES.

Sous le rapport de la durée, c'est-à-dire de l'époque à laquelle elle se détachent de la plante, ce que l'on appelle la *défoliation*, les feuilles sont également divisées en plusieurs classes.

1° Les *feuilles annuelles*, qui meurent tous les ans bien qu'elles appartiennent à des tiges vivaces ; c'est la plus grande partie des *arbres*, et cela indépendamment des feuilles des plantes annuelles qui nécessairement cessent d'exister à la mort de leurs tiges.

2° Les *feuilles vivaces* qui ne meurent qu'avec la tige qui les porte.

3° Les *Feuilles caduques* ou *tombantes* qui tombent d'elles-mêmes après leur mort, comme le MARRONNIER, l'ORME et le PLATANE.

4° Les *feuilles persistantes* ou *marcescentes* qui restent sur l'arbre tout l'hiver, quoique sèches et détruite par parcelles, comme le CHÊNE, le LAURIER CERISE et le LIERRE.

5° Les *feuilles toujours vertes* qui passent les hivers et qui ne meurent et tombent qu'après que les nouvelles feuilles sont sorties de leurs bourgeons, comme le PIN, le MÉLÈZE et le CYPRÈS.

L'époque de la chute et de la renaissance des feuilles varie d'ailleurs suivant les espèces ; généralement les arbres qui poussent les feuilles plus tôt les perdent plus tôt, comme le TILLEUL et le MARRON d'INDE. Cependant cette règle n'est pas sans exception : ainsi le SUREAU, qui pousse ses feuilles de bonne heure, les perd assez tard, tandis que le FRÊNE, qui au contraire les pousse assez tard, les perd de très-bonne heure.

COMPOSITION DES FEUILLES.

Sous le rapport de leur composition les feuilles sont dites :

1° *Feuilles simples* lorsqu'elles ont un disque unique sur le pétiole qui ne porte qu'une seule feuille, et que par conséquent elles sont contenues par le parenchyme qui ne forme qu'un seul tout dont on ne peut isoler une partie sans déchirer les autres, comme le POMMIER, la VIOLETTE et l'ABRICOTIER.

2° *Feuilles composées* lorsque leurs diverses parties isolées les unes des autres, et qui prennent alors le nom de *folioles*, adhèrent cependant au pétiole commun par leur nervure médiane; les folioles considérées individuellement présentent d'ailleurs les divers caractères qu'on remarque dans les feuilles simples, comme l'ACCACIA et la SENSITIVE.

3° *Feuilles recomposées* lorsque le pétiole commun se ramifie en plusieurs pétioles secondaires qui portent des folioles.

4° *Feuilles surcomposées* lorsque les pétioles secondaires portent à leur tour des pétioles qui soutiennent également les folioles ou même qui se subdivisent encore, comme l'ARALIE ÉPINEUSE.

Tu pourras d'ailleurs, mon cher Tibulle, utilement consulter ton dictionnaire pour savoir ce que l'on entend par feuilles *ailées, digitées, pédiaires, binées; ternées, biternées, triternées, multiternées; pennées, bipennées, tripennées, multipennées; géminées, bigeminées, trigéminées, multigéminées; juguées, bijuguées, trijuguées, multijuguées.*

SUBSTANCE DES FEUILLES.

Quant à leurs substances, les feuilles sont dites :

1° *Feuilles membraneuses* quand leur substances sont minces, sèches et transparentes, comme dans l'ARISTOLOCHE.

2° *Feuilles scarieuses* quand ces substances sont encore plus sèches et plus arides, comme dans les MOUSSES.

3° *Feuilles épaisses* quand elles sont fermes et dures, comme dans l'ALOÈS.

4° *Feuilles fistuleuses* quand elles sont creuses, comme dans l'AIL.

5° *Feuilles pulpeuses* quand elles sont charnues et remplies de sucs.

NERVURES DES FEUILLES.

Quant à leurs nervures, les feuilles sont dites :

1° *Feuilles pennées* quand une seule nervure principale part de la base et admet des nervures secondaires disposées comme des barbes de plume, comme dans quelques VARECHS.

2° *Feuilles palmées* quand plusieurs nervures principales partent de la base et admettent chacune des nervures secondaires également en plume.

3° *Feuilles nervées* quand il n'y a qu'une nervure de la base au sommet sans aucune ramification, comme dans le GRAND PLANTAIN.

4° *Feuilles binervées, trinervées, multinervées* quand il y a deux, trois ou un plus grand nombre de nervures principales sans aucune ramification secondaire.

5° *Feuilles crayonnées* quand des nervures très-nombreuses se divisent en très-petites parties, comme le TRÈFLE BRUN.

6° *Feuilles veinées* quand en se ramifiant

les nervures communiquent les unes avec les autres par de petites veines, comme la PELLIDEA VENOSA.

7° *Feuilles veinulées* quand ces petites veines de communication sont extrêmement petites, comme la MÉRULE CANICULÉE.

SURFACE ET COULEUR DES FEUILLES.

Quant aux surfaces des feuilles, mon cher Tibulle, je ne pourrai en quelque sorte que te répéter ce que je t'ai déjà dit pour la surface des tiges, et tu pourras consulter à cet égard ma septième lettre et ton dictionnaire pour savoir ce que l'on entend par *feuilles lisses, glabres, unies, raboteuses, scabres, hispides, poilues, velues, soyeuses, cotonneuses, laineuses, pubescentes, ponctuées, maculées, pulvérulentes, fenestrées, pertuses, aiguillonnées, cuisantes, radicantes, glanduleuses, concellées, vésiculeuses, bullées, visqueuses* et *glutineuses*.

Toutefois, comme c'est encore s'occuper de la surface des feuilles que de parler de leur couleur, je te dirai que le *vert* qui est la couleur générale des feuilles, est, suivant les différentes plantes, de nuances plus ou moins légères ou prononcées, tendres ou dures, claires ou foncées, ternes ou vernissées, comme, par exemple, un vert d'herbe et un peu *violet* dans les UL-VACÉES ou plantes marines ; un vert plus foncé et un peu *olivâtre* dans le FUCUS; et un vert glauque ou vert *de mer* avec une couche légère de matière résineuse comme dans la CAPUCINE.

On dit encore que les feuilles sont :

1° *Feuilles colorées* quand une autre couleur que le vert y domine , telle que le *rouge éclatant* que l'on remarque dans l'AMARANTHE ORDINAIRE , le *rouge jaune* dans l'AMARANTHE TRICOLORE, et le *rouge purpurin* dans quelques FLORIDÉES.

2° *Feuilles discolores* quand les deux faces supérieure et inférieure sont de deux nuances bien distinctes, telles que la TRADESCAN-TIA qui a le dessus de ses feuilles *vert* et le dessous *rouge*.

3° *Feuilles tachetées* quand on y voit accidentellement d'autres couleurs que la couleur générale de la feuille.

4° *Feuilles panachées* quand elles sont colorées par quelques maladies.

La privation de la lumière peut d'ailleurs décolorer les feuilles entièrement ou en partie; mais généralement avant de mourir elles se colorent d'un éclat plus vif.

Il y a enfin certaines nuances qui semblent faites pour annoncer les qualités nuisibles de certains végétaux; quelques plantes vénéneuses, par exemple ; telles que la CIGUE, la JUSQUIAME et la BELLADONE, ont des feuilles d'un vert sombre et livide, et en même temps une odeur repoussante, comme pour avertir l'homme du danger qu'il court en les cueillant.

Je me bornerai aujourd'hui, mon ami, à ces six premières définitions des caractères particuliers des feuilles ; dans ma première lettre nous aurons encore à nous entretenir de leurs insertions sur la tige, de leurs directions, de leurs formes entières, de leurs bords, de leurs échancrures et de leurs bases et sommets.

LETTRE XII.

LA FEUILLE

QUATRIÈME PARTIE.

Insertions, directions, formes entières, circonférence, échancrures, bases et sommets.

Encore un peu de courage, mon cher ami, nous avons encore quelques définitions arides à enregistrer. Tu sais qu'aujourd'hui nous devons terminer ce qui regarde la feuille ; et que dans ma première lettre nous pourrons enfin aborder les *fleurs* de Léonie, qui, je l'espère, te feront prendre patience pour arriver aux *fruits* de Tibulle ; examinons donc avec soin l'insertion, la direction, la forme, la circonférence, les échancrures et les extrémités des feuilles.

INSERTION DES FEUILLES.

Quant à leur mode d'insertion sur la tige, les feuilles sont dites :

1° *Feuilles radicales* quand elles partent immédiatement du collet de la racine, comme le PISSENLIT et la PRIMEVÈRE.

2° *Feuilles caulinaires*, qu'il ne faut pas confondre avec les radicales, quand elles sont insérées médiatement ou immédiatement sur la tige, comme le TABAC et la BUGLE.

3° *Feuilles florales* quand elles sont placées dans le voisinage des fleurs, avec lesquelles elles paraissent ; comme dans l'ORME où elles sont de même couleur que la fleur ; dans le TILLEUL où elles forment une espèce de languette ; et dans l'ANANAS où elles sont en touffes ; nous en reparlerons quand je t'expliquerai ce que l'on entend par *bractées*.

4° *Feuilles ramaires* quand elles partent immédiatement du rameau.

5° *Feuilles sessiles* quand elles sont sans pétiole et immédiatement attachées à la tige, comme le PAVOT et la SAPONAIRE.

6° *Feuilles pétiolées* quand le pétiole qui les joint à la tige est attaché à leur base, comme le CHÊNE et le TILLEUL.

7° *Feuilles peltées* quand le pétiole est attaché au milieu de la face inférieure du limbe, comme la CAPUCINE.

8° *Feuilles perfoliées* quand le limbe semble traversé par la tige, comme le CHÈVRE-FEUILLE et le BUPTÈVRE.

9° *Feuilles alternes* quand elles sont en spirale autour de la tige, et alternativement à droite et à gauche, comme le PEUPLIER et le PLATANE.

10° *Feuilles opposées* quand elles sont diamétralement vis-à-vis les unes des autres, des deux côtés de la tige, comme le MARRONNIER et le SYRINGA.

11° *Feuilles verticillées* quand elles sont en anneau autour de la tige, comme la GARANCE.

12° *Feuilles imbriquées* quand elles sont superposées en tuiles, comme le THUYA et la PETITE JOUBARBE.

13" *Feuilles fasciculées* quand elles sont disposées en faisceaux, comme le CERISIER et le MÉLÈZE.

14° *Feuilles éparses* quand elles sont disposées sans aucun ordre, comme l'ORME et le LIS.

15° *Feuilles connées* quand les feuilles opposées se ramifient par la base et ne semblent faire qu'une seule feuille, comme le CHÈVRE-FEUILLE et la SAPONAIRE.

16° *Feuilles engaînantes* quand elles entourent la tige d'une sorte de gaîne, comme le FROMENT et la TULIPE.

17° *Feuilles distiquées* quand les premières sont alternativement disposées sur les deux côtés de la tige, comme l'IF et le SAPIN.

18º *Feuilles auriculées* quand elles portent deux petits lobes, ou oreilles, comme la SAUGE DES JARDINS.

19º *Feuilles amplexicaules* ou *embrassantes* quand elles s'épanouissent autour de la tige qu'elles embrassent, comme le PAVOT DES JARDINS et le CHARDON MARIN.

20º *Feuilles couronnantes* quand, étant disposées en rose, elles terminent la tige ou les rameaux, comme les PALMIERS et les FOUGÈRES EN ARBRE.

Vois encore, mon cher ami, dans ton dictionnaire, ce que l'on entend par *feuilles décurrentes, ombiliquées, conjointes, croisées, confluentes, demi-amplexicaules, stipulacées, entassées.*

Quelles que soient d'ailleurs toutes ces positions, il est à remarquer que jamais les feuilles même les plus voisines ne sont placées de manière que la supérieure recouvre son inférieure ; toutes peuvent donc également participer aux bienfaits de la lumière, de l'air, de la pluie et de la chaleur.

DIRECTIONS DES FEUILLES.

Quant à leurs directions, les feuilles sont dites :

1° *Feuilles horizontales* si elles font un angle droit avec la tige en s'en écartant.

2° *Feuilles appliquées* si elles touchent à la tige dans toute la longueur de leur disque, comme la PASSERINE.

3° *Feuilles droites* si elles s'écartent un peu de la tige.

4° *Feuilles ouvertes* si elles sont entre la droite et l'horizontale.

5° *Feuilles couchées* si elles sont tout à fait sur la terre, comme la PAQUERETTE.

6° *Feuilles nageantes* ou *émergées* lorsqu'elles s'étendent sur la surface de l'eau, comme le NÉNUPHAR.

7° *Feuilles submergées* lorsqu'elles sont tout à fait plongées dans l'eau, comme l'HOTTONIA DES MARAIS.

8° Consulte encore ton dictionnaire, mon ami, pour connaître ce que l'on entend par *feuilles obliques, réfléchies, réclinées, roulées, courbées, recourbées.*

FORMES ENTIÈRES DES FEUILLES.

Quant à leurs formes entières, les feuilles sont dites :

1° *Feuilles sagittées* quand elles sont en forme de fer de flèche, comme dans le LISERON DES CHAMPS et la FLÉCHIÈRE AQUATIQUE.

2° *Feuilles hastées* ou en piques, comme dans l'ARUM TACHETÉ.

3° *Feuilles lancéolées* ou en lance, comme dans l'OLIVIER et le LAURIER COMMUN.

4° *Feuilles gladiées* ou en glaive, comme dans l'HYPÉRICUM COMMUN et le FICOIDE EN ARBRE.

5° *Feuilles ensiformes* ou en forme d'épée, comme les IRIS.

6° *Feuilles claviculées* ou en massue, comme dans l'HOTTONIA.

7° *Feuilles peltiformes* ou en bouclier, comme dans la CAPUCINE.

8° *Feuilles spatulées* ou en spatule, comme dans la PAQUERETTE.

9° *Feuilles panduriformes* ou en violon, comme dans l'EUPHORBE et l'OSEILLE ÉLÉGANTE.

10° *Feuilles lyrées* ou en lyre, comme la PASSIFLORE et la SAUGE LYRÉE.

11° *Feuilles sétacées* quand elles sont menues en forme de soies de sanglier, comme dans l'ASPERGE.

12° *Feuilles cordiformes* ou en cœur, comme le TILLEUL et le NOISETIER.

13° *Feuilles obscordées* ou en cœur renversé, comme dans l'ALLELUIA et le SARRAZIN.

14° *Feuilles lunulées* ou en croissant, comme dans l'ARISTOLOCHE et les FOUGÈRES.

15° *Feuilles linguées* ou en langue, comme dans l'ALOÈS LINGUÆFORMIS.

Il est encore une infinité de formes qu'il serait trop long de te nommer, comme les *panaches*, les *acanthes*, les *vignes*, etc., etc., et pour lesquels je te renvoie à ton dictionnaire.

BORDS DES FEUILLES.

Quant à leurs bords ou circonférence, les feuilles sont dites :

1° *Feuilles sphéroïdes* ou en sphère, comme dans le CHÉNEPIED.

2° *Feuilles orbiculées* ou un peu aplaties, comme dans la MANNE et la CAPUCINE.

3° *Feuilles elleptiques* ou en ellipse, comme dans l'ORTIE GRIÈCHE et le MUGUET.

4° *Feuilles cylindriques* ou en cylindre, comme dans l'AIL et l'OIGNON.

5° *Feuilles deltoïdes* ou en delta grec, comme dans l'ARROCHE.

6° *Feuilles ovales* ou en forme d'œuf, comme dans le PLATANE et la BELLADONE.

7° *Feuilles obovales* ou en œuf renversé, comme dans le BACCHARIS.

Vois ensuite dans ton dictionnaire pour les mots: *rhomboïdales, oblongues, triangulaires, tétragonales, hexagonales, polygonales, trapéziformes, cunéiformes, réniformes.*

ÉCHANCRURES DES FEUILLES.

Quant à leurs échancrures ou leurs *lobes,* les feuilles sont dites :

1° *Feuilles entières* quand elles n'ont pas d'échancrure sur les bords, comme le LAURIER ROSE et la SAUGE OFFICINALE.

2° *Feuilles lobées* quand elles sont échan-crées profondément et paraissent divisées en

plusieurs feuilles, comme la VIGNE et la RENON-
CULE AQUATIQUE.

3° *Feuilles bilobées, trilobées, quatri-
lobées, multilobées*, quand il y a deux, trois,
quatre, ou un plus grand nombre d'échancrures.

4° *Feuilles laciniées* quand les échancrures sont très-étroites et en lanières, comme le
SUREAU et la BRIONE.

5° *Feuilles crénelées* quand les bords sont
divisés en crénelures arrondies et obtuses,
comme la BÉTOINE, le LIERRE TERRESTRE et la
SPIRÉE.

6° *Feuilles dentées* quand les échancrures
sont en simples crans ressemblant à des dents

de scie, comme le GROSEILLIER, l'ORME et l'OR-
TIE.

7° *Feuilles déchirées* quand les échancrures sont irrégulières, comme la CHICORÉE SAUVAGE, le LILAS DE PERSE et le GÉRANIUM LACÉRÉ.

8° *Feuilles sinuées* quand les échancrures sont arrondies, comme la JUSQUIAME, l'ÉCUELLE D'EAU et la MORELLE.

9° *Feuilles palmées* quand les lobes réunis à leur point de départ imitent les doigts d'une main ouverte, comme le PALMIER-LATANIER et la GRENADILLE.

10° *Feuilles pennatifides* quand les découpures s'étalent en forme d'ailes, comme l'ARTICHAUT COMMUN.

11° *Feuilles festonnées* quand les découpures sont arrondies, comme la JUSQUIAME NOIRE.

12° *Feuilles pectinées* lorsque les lobes sont étroits et parallèles, comme dans l'ACHILLÉE.

13° *Feuilles lyrées* lorsque l'échancrure, d'abord étroite et courte à sa base, devient plus grande en allant au sommet, comme la ROQUITTE et la PASSIFLORE.

14° *Feuilles roncinées*, ou en serpette, ou lyrées, avec le sommet recourbé, comme le PISSENLIT.

SOMMETS ET BASES DES FEUILLES.

Enfin, quant aux bases et sommets des feuilles, elles sont dites :

1° *Feuilles aiguës*, comme dans le LAURIER ROSE et la DOUCE-AMÈRE.

2° *Feuilles obtuses*, comme dans le GUI BLANC et la MARJOLAINE.

3° *Feuilles serretées*, comme dans le PÊCHER.

4° *Feuilles acuminées*, comme dans le LAURIER BLANC et l'ORANGER.

5° *Feuilles mucronées*, comme dans la LAURÉOLE.

6° *Feuilles subulées*, comme dans la JON-QUILLE.

7° *Feuilles linéaires*, comme dans l'HYS-SOPE.

8° *Feuilles capillaires*, comme dans l'AS-PERGE.

9° *Feuilles tronquées*, comme dans le TU-LIPIER DE VIRGINIE.

10° *Feuilles ciliées*, comme dans le ROSOLIS.

11° *Feuilles épineuses*, comme dans le HOUX.

12° *Feuilles mordues*, comme dans la SAUGE DES PYRÉNÉES.

Vois encore dans ton dictionnaire les autres expressions : *grêles, larges, épinglées, oncinées, filiformes, vrillées, appendiculées, cuspidées, acéreuses, gibbeuses, aristées, triquetrées* et *dolabriformes.*

Toutes les feuilles, d'ailleurs, ne sont pas toujours semblables dans le même végétal ; ainsi, dans le MURIER A PAPIER et le LIERRE, il y a des feuilles parfaitement entières, et d'autres à deux ou trois lobes plus ou moins profonds. Cela se voit le plus ordinairement dans les arbres qui ont à la fois des feuilles radicales ou partant de la racine, et d'autres feuilles caulinaires ou partant de divers points de la tige.

Nous voilà enfin sortis de toutes ces arides nomenclatures, mon cher Tibulle. C'est pour le coup que Léonie va faire des ah ! des oh ! des ouf ! et des hélas ! et que maintenant qu'elle ajoute foi aux maladies des jeunes et jolies plantes, elle va encore demander à ta bonne maman si je vous crois tous indisposés pour vous envoyer une telle décoction de nervures, de parenchymes et de chlorophylles ! Mais sois mon avocat auprès d'elle, mon ami, et dis-lui pour l'apaiser que nous touchons enfin au but si désiré, à celui de la description des *fleurs.*

LETTRE XIII.

ORGANES SECONDAIRES.

PARTIES ACCESSOIRES.

Épines, aiguillons, poils, cils, soies, duvets, vrilles, crampons, glandes, vésicules, spathes, stipules, bractées.

Eh bien, mon cher Tibulle, puisque je me suis trompé, c'est moi qui demanderai pardon ; puisque tu m'écris que Léonie me boude d'avoir pu croire un moment qu'elle n'accueillerait pas avec la même reconnaissance des détails arides qu'elle a au contraire étudiés avec d'autant plus de bonne volonté qu'elle a pensé à la patience que j'avais été obligé d'apporter à les faire entrer dans un cadre aussi resserré ; puisqu'enfin ta bonne mère veut bien joindre ses remercîments aux vôtres en me répétant que Léonie est aussi infatigable que toi pour découvrir dans le jardin toutes les variétés que je vous ai indiquées dans les différentes parties des feuilles, je te répète, moi, que je m'humilie humblement devant ta jeune cousine ; et, pour lui donner une complète satisfaction en lui prouvant que je crois à son excellent caractère, j'ajournerai encore au prochain courrier la définition des *fleurs*, et je consacrerai celui-ci à la description des *organes secondaires*, ou parties accessoires des plantes dont je vous ai seulement donné la nomenclature dans la première partie de cette correspondance.

PARTIES ACCESSOIRES.

Les parties accessoires des plantes, que je t'ai dit avoir reçu le nom d'*organes secondaires*, comprennent : 1° les *épines* et les *aiguillons*, 2° les *poils* et les *cils*, 3° les *soies* et les *duvets*, 4° les *vrilles* et les *crampons*, 5° les *glandes* et les *vésicules*, 6° les *spathes*, 7° les *stipules*, et 8° les *bractées*.

ÉPINES ET AIGUILLONS.

Les *épines* sont des pointes qui proviennent du bois même de la tige en traversant l'écorce, et qui ne peuvent être enlevées qu'en les coupant, comme on voit sur l'AUBÉPINE et le GROSEILLIER A MAQUEREAU ; elles servent, dans certains arbres, à garantir les végétaux contre la voracité des animaux. Tu pourras d'ailleurs voir dans mes lettres précédentes et dans ton dictionnaire, ce que l'on entend par *épines caulinaires, ramaires, solitaires, gémi-*

nées, *bifurquées, serrées, éparses, droites,
obliques* et *coniques.*

Les *aiguillons*, qu'il ne faut pas confondre
avec les épines, sont des piquants ou dards qui
viennent seulement de l'écorce et non pas du
bois, mais que l'on peut très-facilement enlever,
et comme on en voit sur les ÉGLANTIERS et les
ROSIERS. Les mêmes expressions que je viens
de te citer pour les épines s'appliquent encore
aux aiguillons, qui servent également à éloigner
des plantes les animaux à peau douce.

POILS ET CILS.

Les *poils* et les *cils*, comme on en voit dans l'ÉRIGERON DU CANADA, sont de petits tubes ou tuyaux qui se trouvent sur toutes les parties des plantes, les uns sur leurs surfaces, les autres sur leurs extrémités, et qui servent à les débarrasser par la transpiration des liqueurs ou fluides qu'elles ont en trop grande abondance. Les poils sont également *subulés, articulés, fasciculés, hameçonnés, étoilés, épars, droits* et *obliques.*

SOIES ET DUVETS.

Les *soies*, les *laines*, les *cotons*, les *duvets* sont des tissus soyeux, laineux, cotonneux, ou extrêmement légers, qui se trouvent également sur les tiges, les feuilles, les fleurs et les fruits, et qui, suivant leur rudesse, leur douceur, leur longueur et leur légèreté, rebutent les gros animaux par leurs soies dures au toucher, comme la BARDANE et la BOURRACHE ; écartent les petits par leurs soies douces et molles, comme le FRAISIER et la POTENTILLE ARGENTÉE ; préservent les plantes de la trop grande chaleur par leurs laines épaisses et allongées, comme la SAUGE et le BOUILLON BLANC ; ou les garantissent des hâles du vent par leurs duvets fournis et courts, comme la PÊCHE et l'AMANDIER, ou leurs cotons légers et nombreux, comme la LUZERNE.

VRILLES ET CRAMPONS.

Les *vrilles*, les *cirrhes*, les *mains*, les *crampons* sont des espèces de petits filets, filaments, rameaux et attaches plus ou moins durs ou flexibles, qui servent à supporter les plantes, comme on en voit dans la VIGNE, les POIS, la GESSE, la FLAGELLAIRE, la GRENADILLE et la PASSIFLORE.

GLANDES ET VÉSICULES.

Les *glandes* et les *vésicules* sont de petits corps en forme de vessies, comme dans le PRUNIER et l'ABRICOTIER ; d'outres, comme dans l'ALOÈS et la JOUBARBE ; de lentilles, comme dans l'AUNE et le BOULEAU ; de globes, comme dans les LABIÉES ; d'écailles, comme dans les FOUGÈRES ; ou en forme milliaire, comme dans le PIN et les ARBRES VERTS ; et qui servent à contenir pendant quelque temps les liquides qui s'échappent par les poils et les cils ; liquides qui, en général, ont un caractère particulier à chaque espèce de végétal, et qui, par exemple, sont vénéneux et cuisants dans plusieurs plantes, comme l'ORTIE ; et c'est cette connaissance

que tu acquiers aujourd'hui, mon cher ami,
qui te permet maintenant d'expliquer à Léonie
que la douleur si vive qu'elle a souvent ressentie
en s'approchant de ce qu'elle appelait la plante
du diable, venait de ce qu'en nous faisant de
nombreuses piqûres avec ses poils, l'ORTIE verse
en même temps dans toutes les petites plaies
qu'elle a faites une liqueur malfaisante qui
produit aussitôt cette sensation douloureuse.

LES SPATHES.

Les *spathes* sont des espèces d'enveloppes
herbacées, toujours membraneuses et souvent
sèches, qui entourent les fleurs de certaines
plantes, comme les IRIS et les JONQUILLES, et
qui se rompent au moment de l'épanouissement pour leur donner passage.

LES STIPULES.

Les *stipules* sont de petites feuilles supplé-
mentaires, ordinairement membraneuses, et
produites par une expansion du pétiole, et qui
se tiennent par conséquent à la base du pétiole
de certaines feuilles, comme dans l'AUNE, le
JUJUBIER, l'AUBÉPINE, la GESSE, la RONCE, la GA-
RANCE et la TULIPE DE VIRGINIE.

LES BRACTÉES.

Les *bractées*, dont nous avons déjà parlé

aux feuilles florales, sont de petites feuilles ordinairement colorées qui accompagnent les
fleurs et les séparent les unes des autres, et qui
diffèrent entre elles par les formes et les couleurs, comme dans l'ORME, le TILLEUL, l'ANANAS,
la BUGLE et le LISERON DES HAIES.

PARTIES ACCESSOIRES FLORALES.

Il est encore quelques parties accessoires des
plantes, telles que le *pédoncule*, le *réceptacle*, le *périanthe*, l'*involucre* et le *nectaire;* mais elles ont plus particulièrement
rapport aux fleurs, et tu pourras beaucoup
mieux en comprendre la nature lorsque nous
aurons parlé de la *floraison.*

LETTRE XIV.

LES FLEURS.

PREMIÈRE PARTIE.

La floraison, la corolle, le calice.

Enfin, mon cher Tibulle, nous voici arrivés à la partie la plus intéressante de la botanique. Tout ce que nous avons vu jusqu'à ce jour, ces racines qui nourrissent, ces tiges qui soutiennent, ces feuilles qui protégent, ces autres organes qui ne sont que des auxiliaires, tout cela va faire place à des détails encore plus curieux, et nous allons réellement entrer dans le domaine de Flore.

LA FLORAISON.

Je t'ai dit dans ma première définition des végétaux que leurs organes principaux étaient au nombre de quatre : les racines, les tiges, les feuilles et les fleurs qui sont l'origine des fruits ; déjà nous avons examiné les trois premiers dans toutes leurs parties, il nous reste à parler du quatrième, c'est-à-dire des *fleurs*.

Et d'abord, mon cher ami, il faut bien nous entendre sur la signification de cette expression : car, dans le langage ordinaire du monde, on a l'habitude de comprendre par le mot *fleur* le végétal presque en entier, c'est-à-dire le rameau coupé sur la branche, détaché de la tige, et portant encore tige, ramilles, feuilles, épines, aiguillons, boutons et tout ce qui constitue la

fleur elle-même ; tandis que dans le *langage botanique* la fleur ne consiste réellement que dans la partie plus ou moins brillante, plus ou moins odorante et plus ou moins ouverte qui se trouve à l'extrémité de la ramille et qui constitue réellement la *floraison* ou la *fleu-raison.*

C'est avec cette dernière interprétation *botanique* que l'on dit que la fleur, ou le produit de la floraison, contient elle-même quatre parties bien distinctes : 1° la *corolle,* 2° le *calice,* 3° le *pistil* et 4° les *étamines ;* et cela indépendamment de plusieurs autres parties secondaires florales que je t'ai déjà annoncées et dont nous aurons à parler plus tard. Je vais d'abord te donner l'explication des quatre principales.

LA COROLLE.

La *corolle* est le nom qui a été donné à la partie la plus apparente de la plante, partie ordinairement parée des couleurs les plus vives et les plus variées, qui constituent la beauté des végétaux, et qui dans certaines plantes répandent les parfums les plus exquis.

C'est la corolle qui entoure et sert à conserver le pistil et les étamines, qui sont les organes les plus délicats de la plante ; et ses différentes parties sont, suivant leurs besoins, tantôt comme autant de miroirs destinés à réfléchir sur eux les rayons du soleil ; tantôt comme autant de parasols destinés à les préserver d'une température trop ardente; tantôt, enfin, comme autant de parapluies ou d'abris destinés à les garantir contre l'humidité de la pluie et le souffle des vents.

STRUCTURE DE LA COROLLE.

La corolle est quelquefois composée d'une seule pièce et quelquefois de plusieurs pièces qui, dans l'un et l'autre cas, s'appellent les *feuilles* ou les *pétales* de la corolle; seulement dans le premier cas on dit que la corolle est *monopétale*, c'est-à-dire qu'il est impossible d'en enlever une partie sans déchirer le reste, comme dans la BELLE-DE-NUIT, le LAURIER, la DIGITALE, le CHÈVREFEUILLE et le LILAS; et dans le second cas on dit que la corolle est *polypétale*, c'est-à-dire composée de plusieurs pétales indépendants les uns des autres comme dans la GIROFLÉE, le PAVOT, l'OEILLET, la ROSE et la VIOLETTE.

STRUCTURE DU PÉTALE.

Le pétale, qui est donc la pièce entière ou partielle de la corolle, se divise lui-même en un nombre différent de parties, suivant que la corolle est monopétale ou polypétale.

COROLLE MONOPÉTALE.

Dans la corolle monopétale ou d'une seule

pièce, le pétale qui est rond se divise en trois parties :

Le *tube* qui est la partie inférieure plus ou moins allongé et cylindrique.

Le *limbe* qui est la partie supérieure ordinairement en forme de vase.

Et la *gorge* qui est la partie moyenne qui joint le tube au limbe.

COROLLE MONOPÉTALE RÉGULIÈRE.

La corolle monopétale est d'ailleurs dite *régulière* quand elle forme un ensemble symétrique, et dans ce cas elle est, suivant ses différentes formes, appelée :

1° *Corolle campanulée* ou *campaniforme* quand elle ressemble à une clochette comme le LISERON DES CHAMPS, la BELLADONE et l'ANCOLIE.

2° *Corolle rotacée* lorsqu'elle est construite en roue ou molette d'éperon, comme la BOURRACHE, la VÉRONIQUE et le BOUILLON-BLANC.

3° *Corolle infundibuliforme* quand elle a la forme d'un entonnoir comme le TABAC, la PERVENCHE et la PETITE CENTAURÉE.

4° *Corolle en casque* lorsqu'elle a cette forme, comme l'ACONIT-NAPEL, l'ORMIN et la SAUGE.

5° *Corolle en grelot* quand le limbe, au lieu de s'évaser, se rapproche de manière à être moins dilaté que le tube, comme la BRUYÈRE et le MUGUET DE MAI.

6° *Corolle scutellée* quand elle représente une écuelle.

7° *Corolle étoilée* quand elle a, à ses extrémités, de petites divisions aiguës et allongées comme le CAILLE-LAIT.

8° *Corolle urcéolée* quand elle est renflée d'abord et ensuite sensiblement rétrécie à ses extrémités.

9° *Corolle tubulée* quand sa partie inférieure est en forme de tube comme le LILAS.

10° *Corolle hypocratériforme* ou *en soucoupe* quand le tube est long, étroit avec un limbe étalé et plat, comme le JASMIN et la PRIMEVÈRE.

COROLLE MONOPÉTALE IRRÉGULIÈRE.

La corolle monopétale est au contaire dite *irrégulière* quand elle ne forme pas un ensemble symétrique, et dans ce cas elle est appelée :

1° *Corolle labiée* quand son limbe a deux lèvres comme dans la SAUGE DES PRÉS, les MENTHES et le SERPOLET.

2° *Corolle personnée* quand ses lèvres forment un mufle d'un animal comme la GUEULE DE LOUP et le MUFLE-DE-VEAU.

COROLLE POLYPÉTALE.

Dans la corolle polypétale ou de plusieurs pièces, le pétale qui est plat ne se divise qu'en deux parties :

L'*onglet* qui est la partie inférieure la plus étroite et la plus pâle, qui est attaché au fond et qui est, par exemple, très-long et très-remarquable dans l'ŒILLET.

Et la *lame* qui est la partie supérieure la plus large et la plus colorée ; quelquefois la lame est entière comme dans la GIROFLÉE, quelquefois elle est fendue comme dans la STELLAIRE, et on l'appelle *bifide*, *trifide*, *quatrifide*, selon qu'elle est une, deux ou bien trois fois fendue.

COROLLE POLYPÉTALE RÉGULIÈRE.

La corolle polypétale est d'ailleurs dite *régulière* quand toutes ses divisions ou pièces se ressemblent et forment un ensemble symétrique, et dans ce cas elle est appelée :

1° *Corolle crucifère* quand elle a ses pétales en croix comme le CRESSON, la LUNAIRE, le CHOU, le NAVET et la CAMÉLINE.

2° *Corolle rosacée* quand elle a ses pétales disposés en rosace comme le ROSIER, le FRAISIER, l'AMARANTHE, le NÉNUPHAR et l'ORANGER.

3° *Corolle ombellifère* quand elle a ses pétales disposés en parasol comme dans la CAROTTE, le CERFEUIL, l'ANGÉLIQUE et le MACERON.

4° *Corolle liliacée* lorsqu'elle approche de la forme du lis comme la JACINTHE, le NARCISSE, la TULIPE et le PERCE-NEIGE.

5° *Corolle caryophyllée* quand ses pétales ont les angles très-allongées et cachés par le calice comme l'ŒILLET, le LYCHNIS et le LIMONIUM.

COROLLE POLYPÉTALE IRRÉGULIÈRE.

La corolle polypétale est au contraire dite *irrégulière* quand toutes ses divisions ou pièces diffèrent et ne forment pas un ensemble symétrique, on la dit alors :

1° *Corolle papilionacée*, et je t'engage, mon cher ami, à suivre cette singulière description sur un POIS DE SENTEUR, ou sur la fleur d'un HARICOT ou d'un ACACIA.

La fleur papilionacée a cinq pétales irréguliers offrant les dispositions d'un papillon qui vole : 1° l'*étendard*, pétale supérieur plié en dos d'âne et quelquefois relevé à son extrémité ;

2 et 3° les deux *carènes,* pétales inférieurs, ordinairement soudés en un seul, représentant la carène d'un vaisseau ; et 4° et 5° les deux *ailes,* pétales latéraux imitant les ailes du papillon, et à l'origine desquels se trouvent ordinairement deux appendices ou *œillettes.*

2° *Corolle anomale* lorsque sa forme irrégulière ne peut être rapportée à aucune de celles ci-dessus décrites comme la VIOLETTE, la CAPUCINE, le PIED-D'ALOUETTE, l'ORCHIS et l'ANCOLIE.

DURÉE DE LA COROLLE.

Les corolles, quant à leur durée, sont dites :

1° *Corolles caduques* ou tombant aussitôt après leur épanouissement comme un grand nombre de CISTES, la VIGNE et le PIGAMON.

2° *Corolles décidues* ou tombant quelque temps après l'épanouissement ; c'est la condition générale des plantes comme l'OEILLET et la ROSE.

3° *Corolles marcescentes* ou persistant longtemps et se fanant avant de tomber comme les IRIS et les CAMPANULES.

PLANTES SANS COROLLE.

Malgré la règle générale, quelques plantes n'ont pas de corolle et par conséquent pas de

pétale, ce qui les a fait nommer *plantes apétales*, telles que le CABARET, les ARROCHES, la
MASSETTE, le RUBAN D'EAU et le FROMENT.

LE CALICE.

Malgré la longueur de cette lettre, mon cher
ami, je veux encore te parler aujourd'hui du
calice qui a du rapport avec la corolle.

Le calice est la partie, ordinairement verte,
plus susceptible de se dessécher que de se flé-
trir, qui est en quelque sorte l'expansion ou le
prolongement de l'écorce de la tige et qui entoure la corolle ; c'est une seconde enveloppe
qui sert à la fois à protéger la corolle, le pistil
et les étamines contre les agents extérieurs.

STRUCTURE DU CALICE.

Le calice est comme la corolle, quelquefois
composé d'une seule pièce et quelquefois de
plusieurs pièces qui, dans l'un et l'autre cas,
s'appellent les *folioles* ou les *sépales* du calice ;
seulement dans le premier cas on dit que le
calice est *monosépale* comme dans l'OEILLET,
la ROSE et le DATURA, et dans le second qu'il
est *polysépale* comme dans la GIROFLÉE et la
RENONCULE.

STRUCTURE DE LA SÉPALE.

La sépale, qui est donc la pièce entière ou

partielle du calice, se divise elle-même en un nombre différent de parties, suivant que le calice est monosépale ou polysépale.

CALICE MONOSÉPALE.

Dans le calice monosépale, ou d'une seule pièce, la sépale qui est ronde se divise en trois parties qui ont reçu les mêmes dénominations que dans la division de la corolle monopétale, c'est-à-dire le *tube*, le *limbe* et la *gorge*.

CALICE POLYSÉPALE.

Dans le calice polysépale, ou de plusieurs pièces, la sépale qui est ronde ne se divise de même que la corolle polypétale qu'en deux parties, l'*onglet* et la *lame*.

Les sépales du calice polysépale ne répondent pas toujours d'ailleurs aux pétales des corolles polypétales. Ainsi, quelquefois les sépales sont directement placées sur les pétales comme dans la GIROFLÉE et l'ŒILLET, et dans ce cas les corolles et calices sont dits *alternes*, et d'autres fois au contraire les sépales sont placées sur les ouvertures qui séparent les pétales comme dans l'ÉPINE-VINETTE, et dans ce cas les corolles et les calices sont dits *opposés*.

On dit encore que le calice polysépale est :

1° *Calice simple* quand il a un seul rang de folioles comme dans la GIROFLÉE.

2° *Calice double* ou *composé* quand il a deux rangs très - distincts comme dans la MAUVE.

3° *Calice caliculé* quand il a, à sa base, de petites écailles courtes comme le PISSENLIT.

4° *Calice monophylle* lorsque ses divisions ne se prolongent que jusqu'à la base comme la ROSE et l'ŒILLET.

5° *Calice polyphylle* lorsque ses divisions se prolongent jusqu'à la base comme le PAVOT et la JULIENNE.

6° Enfin, *calices en formes diverses*

comme celle *en coupe* dans la PRIMEVÈRE, *en bourrelet* dans la CIGUE, *en écuelle* dans le NOISETIER, *en scie* dans le BLUET, *en briques* dans le CHARDON, *en gaîne* dans le NARCISSE, *en batelet* dans l'AVOINE, *en éteignoir* dans les MOUSSES et *en chapeau* dans les CHAMPIGNONS.

DURÉE DU CALICE.

Les calices, quant à leur durée, sont appelés :

1° *Calices caducs* ou tombant dès que la fleur s'épanouit comme dans le PAVOT et le COQUELICOT.

2° *Calices décidus* s'ils ne tombent qu'avec les pétales de la corolle, mais avant la maturité du fruit comme la GIROFLÉE et les CRUCIFÈRES.

3° *Calices marcescents* s'ils restent sur la plante après la chute des pétales de la corolle et jusqu'à la maturité du fruit comme l'OEILLET, le FRAISIER et le MOURON.

COULEUR DU CALICE.

Je t'ai dit, mon cher ami, que le calice était généralement *vert*, cependant il offre quelquefois des couleurs extrêmement vives et brillantes ; c'est ainsi qu'il est *jaune* dans la CAPUCINE, *bleu* dans la NIGELLE, *blanc* dans le PIED-DE-CHAT et *rouge* dans la GRENADE : on dit alors que le calice qui se confond avec la corolle est *corolliforme* ou *pétaloïde*.

PLANTES SANS CALICE.

Enfin, de même que pour la corolle, quelques plantes n'ont pas de calices et par conséquent pas de sépales, ce qui les a fait appeler *plantes asépales*, telles que la TULIPE, le NARCISSE, la JACINTHE, la FRITILLAIRE et le LIS.

Dans ma première, mon ami, nous parlerons du *pistil* et des *étamines*.

LETTRE XV.

LES FLEURS.

DEUXIÈME PARTIE.

Le pistil, les étamines, fleurs complètes et incomplètes.

Je conçois que les pluies qui ne cessent de tomber depuis que tu as reçu ma dernière lettre, mon cher Tibulle, aient beaucoup contrarié tes projets et ceux de ta cousine qui n'a pas encore pu plus que toi examiner sur les fleurs du jardin les diverses définitions que je vous ai données de la corolle et du calice. Je partage cette contrariété pour l'ennui qu'elle vous cause, mes amis, mais je n'y vois pas un grand inconvénient pour vos progrès, car nous avons encore à parler de deux organes principaux de la floraison, et, comme il eût fallu recommencer vos explorations pour leur examen particulier, vous étudierez les fleurs d'une manière beaucoup plus complète et plus fructueuse à la fois lorsque vous connaîtrez également les pistils et les étamines ; c'est ce dont nous nous occuperons dans ce courrier.

LE PISTIL.

Le *pistil*, qui est dans les plantes le petit corps allongé et étroit qui s'élève perpendiculairement en colonne au milieu de la corolle, est formé de trois parties distinctes : 1° l'*ovaire*, 2° le *stigmate*, 3° le *style*.

L'OVAIRE.

L'*ovaire* est dans le pistil la partie inférieure et la plus renflée qui fait continuité avec la plante et dans laquelle sont renfermés les *ovules* ou petits œufs qui doivent plus tard devenir des graines servant à reproduire les plantes.

On dit que l'ovaire est *libre* quand il ne fait pas corps avec le calice , qui alors aussi est *libre*, comme dans le CRESSON , le LIS et le HARICOT; et que l'ovaire est *adhérent* quand il est soudé en tout ou en partie avec le calice qui alors aussi est *adhérent* comme dans le ROSIER.

On dit encore que l'ovaire est *supère* par rapport à la corolle, lorsque la corolle, qui alors est dite *infère*, a ses pétales attachés au-dessous de l'ovaire comme dans la LUNAIRE et le LIS; et que l'ovaire est *infère*, toujours par rapport à la corolle, lorsque la corolle, qui alors à son tour est dite *supère*, a ses pétales atta-

chés au-dessus de l'ovaire comme dans la BELLE-
DE-NUIT.

On dit aussi que l'ovaire est *supère*, par
rapport au calice, lorsque le calice, qui alors
est dit *infère*, a ses pétales attachés au-dessous de l'ovaire comme dans la PIVOINE et le
PAVÒT; et que l'ovaire est *infère*, toujours par
rapport au calice, lorsque le calice, qui alors à
son tour est dit *supère*, a ses sépales attachées

au-dessus de l'ovaire comme dans l'ÉPILOBE et l'ONAGRE.

L'ovaire d'ailleurs est, suivant les plantes, composé d'une ou de plusieurs cavités particulières que l'on appelle *loges* et qui contiennent les *ovules*, et dans ce cas on dit que l'ovule est : *uniloculaire* quand il a une seule loge, comme dans l'OEILLET ; *biloculaire* quand il a deux loges, comme dans le LILAS ; *triloculaire* quand il a trois loges, comme dans l'IRIS, et enfin *multiloculaire*, quand il a un nombre indéterminé de loges, comme dans le NÉNUPHAR.

LE STIGMATE.

Le *stigmate* est dans le pistil la partie supérieure qui est généralement en forme de chapiteau avec plusieurs petites échancrures ; mais qui, dans quelques plantes, offre des configurations particulières, telles que celle d'un hameçon dans la VIOLETTE, d'un bouclier dans le PAVOT, d'un entonnoir dans la PENSÉE et d'une boule dans le CHÈVREFEUILLE.

LE STYLE.

Le *style* enfin est dans le pistil la partie intermédiaire qui joint le stigmate à l'ovaire ; ordinairement il est placé sur le sommet de l'ovaire, quelquefois sur sa base et quelquefois sur ses côtés.

Quelquefois encore le style manque dans les plantes; alors le stigmate est placé immédiatement sur l'ovaire, et le pistil est dit *sessile* comme dans la TULIPE, le PAVOT et la PARNASSIE.

NOMBRE DES PISTILS.

Quoique le pistil soit souvent seul dans les plantes, comme dans l'ASPERGE, l'OLIVIER, le JASMIN, le LILAS, l'IRIS et la CAPUCINE, cependant il y a des plantes qui en ont un plus grand nombre : comme le ROSEAU, l'ORME, l'OEILLET et l'AIGREMOINE, qui en ont deux; le SUREAU, le RÉSÉDA et le SORBIER, qui en ont trois; le HOUX et la PARNASSIE, qui en ont quatre; le LIN, le POMMIER et la NIGELLE, qui en ont cinq; le JONC-FLEURI et les STRATIOTES, qui en ont six; le SEPTAS, qui en a sept; la PHYTOLACCA, qui en a dix; la JOUBARBE, qui en a douze; et le ROSIER, la RENONCULE, l'ANÉMONE et la CLÉMATITE, qui en ont un nombre indéterminé.

LES ÉTAMINES.

Enfin, mon cher ami, les *étamines* qui sont dans les végétaux, les filaments plus ou moins longs et plus ou moins nombreux qui s'élèvent dans la corolle à côté du pistil, sont formées de deux parties distinctes, le *filet* et l'*anthère*.

LE FILET.

Le *filet* est dans l'étamine la partie inférieure ou le filament analogue au style dans le pistil : il est très-long et très-visible dans quelques fleurs comme le LIS, et très-court et peu visible dans d'autres plantes comme la VIOLETTE.

Le filet est en général entièrement au-dessous de l'anthère ; quelquefois cependant il se prolonge au-dessus du point d'intersection de l'anthère et alors il est dit *proéminent* comme dans la PARISETTE.

Quelquefois aussi le filet manque dans les étamines, alors l'anthère est placée immédiatement sur le corps de la plante, et alors l'étamine est dite *sessile* comme dans l'ARISTOLOCHE.

L'ANTHÈRE.

L'*anthère* est dans l'étamine la partie supérieure qui se trouve à l'extrémité du filet, et faite généralement en forme de petite boîte, mais qui dans quelques plantes offre des configurations particulières, telles que celles d'un croissant, d'un bateau, d'un casque, d'une boule, d'une lance, d'un sabre ou d'un fer de flèche.

NOMBRE DES ÉTAMINES.

Je t'ai déjà dit que le nombre des étamines varie beaucoup dans les différentes plantes, c'est pourquoi on les dit :

1° *Étamines définies* ou *déterminées* quand elles sont au-dessous de douze comme dans le BALISIER, la PESSE D'EAU et la BLÈTE qui en ont une ; l'OLIVIER, le JASMIN et le LILAS deux ; l'IRIS, la VALÉRIANE et le FROMENT trois ; la SCABIEUSE, la GLOBULAIRE et le HOUX quatre ; la BOURRACHE, l'ORME et la DOUCE-AMÈRE cinq ; l'ASPERGE, le NARCISSE et l'OSEILLE six ; le MARRONNIER, le LIMEUM et le SEPTAS sept ; la CAPUCINE, la BRUYÈRE et l'HERBE-A-ROBERT huit ; le LAURIER, la RHUBARBE et le JONC-FLEURI neuf ; l'OEILLET, la SAPONAIRE et l'ARBRE-DE-JUDÉE dix, et la JOUBARBE douze.

2° *Étamines indéfinies* ou *indéterminées* quand elles sont au-dessus de douze comme dans l'EUPHORBE, le RÉSÉDA, l'AIGREMOINE, le MYRTE, le POMMIER, le POIRIER, le ROSIER, le PIED-D'ALOUETTE, la RENONCULE et la CLÉMATITE.

POSITION DES ÉTAMINES.

Quant à leur position par rapport au pistil, les étamines sont dites :

1° *Étamines hypogynes* lorsque le filet de l'étamine a son origine au-dessous de l'ovaire comme le RADIS, le PAVOT et l'ÉPINE-VINETTE.

2° *Étamines épigynes* lorsque le filet de l'étamine a son origine au-dessus de l'ovaire comme la CAROTTE, l'ARISTOLOCHE et le BLUET.

3° *Étamines périgynes* lorsque le filet de l'étamine prend son origine autour de l'ovaire comme le GROSEILLIER, le HARICOT et la ROSE.

DIRECTIONS DES ÉTAMINES.

Quant à leurs directions les étamines sont dites :

1° *Étamines dressées* quand elles sont droites et en l'air comme l'AGAPANTHE et l'ORNITHOGALE.

2° *Étamines pendantes* quand leur filet ne peut les soutenir droites comme l'AVOINE et le SEIGLE.

3° *Étamines irréfléchies* quand elles sont courbées en arc en dedans comme la SAUGE DES PRÉS.

4° *Étamines réfléchies* quand elles sont

courbées en arc en dehors comme la PARIÉTAIRE.

LONGUEUR DES ÉTAMINES.

Considérant d'abord les étamines quant à leurs longueurs entre elles, on dit qu'elles sont :

1° *Étamines égales* quand elles sont toutes de même longueur comme le LIS, la ROSE et la VIOLETTE.

2° *Étamines inégales symétriques* lorsqu'elles sont par moitié et alternativement grandes et petites comme le GÉRANIUM qui a dix étamines dont cinq grandes et cinq petites.

3° *Étamines inégales didynames* lorsque sans rangement symétrique elles sont au nombre de quatre et ont une moitié plus grande et une moitié plus petite comme la SAUGE DES PRÉS, le BASILIC et la GUEULE-DE-LOUP qui en ont chacun quatre dont deux grandes et deux petites.

4° *Étamines inégales tétradynames* lorsqu'étant au nombre de six il y en a plus de la moitié plus grande comme la GIROFLÉE, le CRESSON, le RADIS et le CHOUX qui en ont chacun six dont quatre grandes et deux petites.

Considérant ensuite les étamines quant à leurs longueurs par rapport à la corolle, on dit qu'elles sont :

1º *Étamines exertes* ou *saillantes* lorsqu'elles dépassent la hauteur du calice ou de la corolle comme dans le PLANTAIN.

2º *Étamines incluses* lorsqu'elles sont plus courtes que le calice et la corolle comme dans la PRIMEVÈRE.

AUTRES DIVISIONS DES ÉTAMINES.

On dit enfin en général que les étamines sont :

1º *Étamines alternes* si elles se rapportent aux ouvertures des pétales comme dans la BOURRACHE.

2º *Étamines opposées* si elles se rapportent non aux ouvertures mais aux pétales mêmes comme dans la PRIMEVÈRE.

3º *Étamines libres* ou *distinctes* si elles ne sont réunies ni par leurs filaments ni par leur anthère comme dans le LIS et la RENONCULE.

4º *Étamines adhérentes* si elles sont soudées en un ou plusieurs corps que l'on appelle *androphores* et alors on les dit :

5º *Étamines monadelphes* quand la soudure ayant lieu par le filet elles ne forment qu'un seul androphore comme dans la MAUVE et le GÉRANIUM.

6o *Étamines diadelphes* s'il y a deux androphores comme dans le HARICOT et le GENÊT.

7o *Étamines polyadelphes* s'il y a un nombre indéterminé d'androphores comme dans le MILLEPERTUIS et le CITRONNIER.

8o *Étamines syngénèses* si les étamines sont soudées par les anthères comme dans le TOURNESOL et la VIOLETTE.

FLEURS COMPLÈTES ET INCOMPLÈTES.

Maintenant que tu connais les quatre parties principales de la floraison, mon cher ami, je dois encore te dire avant de terminer ce courrier, ce que tu auras peut-être déjà pensé toi-même ; que, puisqu'il y a des fleurs qui n'ont pas de corolle ni de calice, et que toutes les fleurs au contraire ont des pistils et des étamines, on a dû appeler :

1o *Fleurs complètes* celles qui possèdent à la fois le pistil, les étamines, la corolle et le calice comme la GIROFLÉE, la VIOLETTE, la ROSE et l'OEILLET.

2o *Fleurs incomplètes* celles qui ne possèdent que le pistil, les étamines et la corolle, que tu sais déjà être dites *plantes asépales*, comme la TULIPE, la JACINTHE et le LIS ; ou bien celles qui ne possèdent que le pistil, les étamines et le calice, et que tu sais déjà être dites *plantes apétales* comme la MASSETTE, les ARROCHES et le FROMENT ; ou bien enfin celles qui ne possèdent absolument que le pistil et les étamines, et que l'on dit encore *plantes nues* comme la MERCURIALE.

A bientôt, mon cher Tibulle ; dans ma première lettre nous parlerons des *parties secondaires de la floraison*.

LETTRE XVI.

LES FLEURS.

**Parties secondaires de la floraison, l'inflo-
rescence, plantes sans fleurs.**

Que de corolles et de calices, que de pistils
et d'étamines vous avez arrachés, mon cher
Tibulle, si je m'en rapporte à toutes les appli-
cations que tu me dis avoir faites, avec Léonie,
de mes dernières instructions ! Et cependant
vous ne craignez pas de me l'avouer, parce que
cette fois ta bonne mère, au lieu de vous gron-
der, a été votre complice et je le conçois fort
bien, mon cher ami. Quand il s'agissait des
racines, chaque végétal que vous déplantiez
pour l'examiner, et surtout en le dépouillant
entièrement de sa terre pour l'observer de plus
près, était en quelque sorte une plante per-
due; tandis que vos jardins sont assez riches
pour ne pas même paraître souffrir de l'enlève-
ment plus ou moins prématuré de quelques
fleurs qui devaient tomber d'elles-mêmes quelques jours plus tard.

Cette réflexion, mon cher ami, devait naturellement me conduire à te parler aujourd'hui

de l'épanouissement des fleurs, mais cependant nous ne nous en occuperons que dans mon prochain courrier ; nous avons encore, auparavant, à parler de quelques parties secondaires, ainsi que des particularités de l'*inflorescence*, qu'il ne faut pas confondre avec l'*épanouissement*.

PARTIES SECONDAIRES DE LA FLORAISON.

Les parties secondaires de la floraison qu'il me reste à te décrire sont le *pédoncule*, le *réceptacle*, le *périanthe*, l'*involucre* et le *nectaire*.

LE PÉDONCULE.

Le *pédoncule* est le nom donné au prolongement de la tige ou des rameaux des plantes qui supportent les fleurs, et que l'on appelle vulgairement leur *queue :* le pédoncule est donc par rapport aux fleurs ce qu'est le pétiole par rapport aux feuilles.

Il se divise ensuite en *pédicelles*, qui sont les pédoncules des fleurs divisées en plusieurs autres.

Quelquefois aussi les plantes n'ont pas de pédoncules, et la fleur alors est directement attachée sur la tige, sur le rameau ou sur la ramille, et dans ce cas elle est dite *fleur sessile.*

LE RÉCEPTACLE.

Le *réceptacle* est la partie charnue de la plante qui est située à l'extrémité du pédoncule, ou la base sur laquelle reposent la corolle, le calice, le pistil et les étamines.

Le réceptacle affecte différentes formes particulières dans les diverses plantes : c'est ainsi qu'il est *convexe* dans le CHARDON, *concave* dans l'ARTICHAUT, *plane* dans le GRAND SOLEIL, en *boule* dans le PLATANE, et en *filet rond* dans le NOYER et le NOISETIER.

De même sa surface est variée dans les diverses plantes ; et c'est ainsi qu'elle est *séteuse* ou couverte de soies dans l'ARTICHAUT, *paléacée* ou hérissée de petites paillettes dans le GRAND SOLEIL, et entièrement *nue* ou lisse dans le PISSENLIT et la LAITUE.

Il ne faut pas d'ailleurs confondre le réceptacle avec le *disque*, qui est un renflement coloré qui surmonte quelquefois le réceptacle, et qui forme alors une espèce d'auréole autour de l'ovaire du pistil.

LE PÉRIANTHE.

Le *périanthe* est le nom général que l'on donne à l'ensemble des deux *enveloppes florales*, la corolle et le calice.

On dit que le périanthe est *simple* quand la plante n'a que la corolle sans calice, comme dans la TULIPE ; ou le calice sans corolle, comme dans la MASSETTE ; et qu'il est *double* quand la plante présente à la fois une corolle et un calice, ce qui est la règle presque générale, comme dans la ROSE et l'OEILLET ; alors la partie intérieure du périanthe est la corolle, et la partie extérieure est le calice.

L'INVOLUCRE.

L'*involucre* est le nom donné à la réunion

de folioles de la nature des spathes, des stipules et des bractées, dont je t'ai déjà parlé, et
que l'on observe à la base ou à la naissance
commune de plusieurs pédoncules de fleurs,
comme dans les OMBELLIFÈRES.

On a par suite appelé *involucelles* la réunion des pétioles de la nature des spathes des stipules et des bractées que l'on observe à la base
ou à la naissance commune de plusieurs pédicelles de fleurs divisées en plusieurs autres
fleurs, comme l'ARMARINTHE et le CAUCALIDE A
GRANDES FLEURS.

LE NECTAIRE.

Le *nectaire* enfin est le nom que l'on a
donné tantôt à une espèce de *couronne* de
même nature que les pétales, et qui se trouve
dans quelques plantes comme le CISSUS, les
LABIÉES et les CRUCIFÈRES ;

Tantôt à une espèce d'*éperon* ou de *corne*
que l'on remarque dans les fleurs, comme dans
le PIED-D'ALOUETTE, l'ANCOLIE, la CAPUCINE et
la COURONNE IMPÉRIALE ;

Tantôt à une petite *collerette* remplie de
liqueur sucrée que l'on nomme *nectar*, et qui
existe dans quelques végétaux, comme le NAR-
CISSE, la CAROTTE et le CERFEUIL ;

Et en terme général on appelle indistincte-
ment *nectaire* toute partie de la fleur qui
n'est ni corolle, ni calice, ni pistil, ni étamine.

L'INFLORESCENCE.

L'inflorescence, mon cher ami, est le nom
que l'on a donné à la disposition des fleurs
dans les plantes, d'abord selon la manière dont
elles sont situées sur la tige, et ensuite d'après
les différentes formes que présente l'aspect total de la fleur.

Relativement à la tige on dit que les fleurs
sont :

1° *Fleurs terminales* quand elles naissent
au sommet des tiges et des rameaux, comme le
PAVOT et la RENONCULE ;

2° *Fleurs latérales* quand elles naissent le
long des tiges ou des rameaux, comme le so-
LANUM A BOUQUET ;

3° *Fleurs axillaires* quand elles naissent
dans les axes ou dans les aisselles des tiges ou
des rameaux, comme l'HYSSOPE et le LIERRE
TERRESTRE.

*Relativement à l'aspect total de la
fleur*, on dit que les fleurs sont :

1° *Fleurs en épi* quand, étant avec ou

sans pédoncule, elles sont portées sur un axe commun, simple et non ramifié, comme le SEIGLE, l'ORGE, le PLANTAIN et le GROSEILLIER ROUGE ;

2° *Fleurs en grappe* quand elles se composent d'un axe qui se ramifie en plusieurs pédoncules, qui se ramifient à leur tour en plusieurs autres petits pédoncules ou pédicelles, comme le LILAS, la VIGNE et le CYTISE ;

3° *Fleurs en ombelles* quand leurs pédoncules partent du même point et arrivent presque tous à la même hauteur, comme la CAROTTE, le CERFEUIL, le FENOUIL et la PRIMEVÈRE ;

4° *Fleurs en ombellules*, ou ombelles composées, quand les ombelles se subdivisent et que ses nouveaux pédoncules ou pédicelles arrivent tous à la même hauteur, comme le PISSENLIT, le GRAND SOLEIL et l'ARTICHAUT ;

5° *Fleurs en corymbes* lorsqu'ayant du rapport avec les fleurs en ombelles, en ce que leurs pédoncules ou pédicelles s'élèvent à la même hauteur, elles en diffèrent cependant en ce que, dans le corymbe, tous les pédoncules et pédicelles partent de points différents dans la tige, tandis que dans l'ombelle ils partent tous d'un centre commun, comme le MILLEPERTUIS et la MILLE-FEUILLES COMMUNE;

6° *Fleurs à fleurons* lorsqu'elles sont composées de plusieurs petites fleurs qui sont le plus souvent des tuyaux évasés par le haut et découpés en pointes, comme l'AMBROISIE, l'IMMORTELLE, l'ARMOISE et la SCABIEUSE;

7° *Fleurs à demi-fleurons* lorsqu'elles sont composées de bouquets aplatis en dessus et formant ordinairement par leurs extrémités des cercles concentriques, comme la LAITUE et la CHICORÉE;

8° *Fleurs en agrégation*, et c'est ici une distinction bien marquée à faire avec l'ombellule, c'est-à-dire lorsque le fleuron ou le demi-fleuron, ou l'assemblage de plusieurs fleurs et ombelles qui ont des calices particuliers, au lieu d'être porté d'ombelle en ombellule, est porté sur le même réceptacle de l'ombelle, comme dans l'ÉCHINOPS et le CHARDON-MARIE;

9° *Fleurs en chaton* lorsque, étant sans calice ni corolle, elles sont garnies et entremêlées de petites folioles ou écuelles qui les séparent les unes des autres, et disposées autour et le long d'un axe central et commun qui prend la figure d'une petite *queue de chat*, comme le PEUPLIER, le CHATAIGNIER, le SAULE, le CYPRÈS, le CHÊNE, le NOISETIER, le PLATANE et le BOULEAU ;

10° *Fleurs en anneaux*, ou *verticillées*, quand elles sont disposées en anneaux autour d'un axe commun, comme les LABIÉES ;

11° *Fleurs en thyrse* quand leurs pédoncules inférieurs, qui sont les plus longs, s'étendent horizontalement, tandis que leurs pédoncules supérieurs, beaucoup plus courts, se rapprochent les uns des autres, et qu'il résulte de cette disposition une espèce de pyramide, comme dans le MARRONNIER D'INDE et le LILAS COMMUN ;

12° *Fleurs en panicule* quand les pédoncules, divisés plusieurs fois et de diverses manières, sont lâches, très-étalés, et s'élèvent à une hauteur différente, comme l'AVOINE et le MAÏS ;

13° *Fleurs en cymes* lorsque les ramifications du pédoncule commun partent toutes du même point et que leurs divisions, partant de points différents, arrivent à la même hauteur, comme dans le CORNOUILLER et le SUREAU NOIR ;

14° *Fleurs en tête, en faisceau, fleurs capitées* ou *céphalanthes*, lorsque tous les pédoncules très-serrés présentent les fleurs en boule ou en sphère, comme l'OIGNON, l'OEILLET BARBU et le GAZON D'OLYMPE.

15° Enfin *fleurs en solitude* ou *fleurs solitaires* lorsqu'il n'y a qu'une seule fleur qui repose sur le pédoncule.

PLANTES SANS FLEURS.

Enfin il est quelques plantes, quoique très-rares, qui n'ont jamais de fleurs, ou dont les fleurs sont tellement petites qu'on ne peut les distinguer, comme le LICHEN, l'ÉPONGE, la TRUFFE et la FOUGÈRE.

Dans ma première, mon ami, nous nous occuperons de *l'épanouissement*, des *couleurs* et du *parfum des fleurs.*

LETTRE XVII.

LES FLEURS.

L'épanouissement, fleurs simples et doubles, couleur des fleurs : odeur des fleurs.

Je m'attendais à ta réponse, mon cher ami, et je suis certain qu'ainsi que ta cousine tu liras avec beaucoup d'intérêt les définitions de toutes les différentes dispositions des fleurs. Vos dernières observations me prouvent d'ailleurs que vous avez étudié mes instructions avec soin et je suis certain que vous n'en apporterez pas moins à la lecture de ma lettre de ce jour, qui mérite toute votre attention.

ÉPANOUISSEMENT DES FLEURS.

Tu sais maintenant, mon cher ami, que l'inflorescence est le nom de la forme de la fleur, l'*épanouissement* est l'époque à laquelle ces fleurs sont parvenues à leur accroissement parfait.

La fleur consiste d'abord sur la tige en un bouton oblong et verdâtre, qui blanchit à mesure qu'il est prêt à s'épanouir ; peu à peu sa corolle se déploie, prend insensiblement la forme qui lui est assignée par sa nature particulière, et étale bientôt ses pétales, qui, après être parvenus à l'éclat le plus vif et le plus brillant finissent par se faner, se dessèchent, meurent et tombent.

ÉPOQUES D'ÉPANOUISSEMENT.

Les époques d'épanouissement sont assez généralement celles des saisons tempérées et chaudes de l'année ; cependant il y a des fleurs qui s'épanouissent en automne et même quelques-unes en hiver au moment où la terre est couverte de neige, c'est ce qui leur a fait donner les noms suivants :

1° *Fleurs printanières*, celles qui, ainsi que la VIOLETTE, la PRIMEVÈRE et le LILAS, naissent dans le printemps, cette première époque de l'année où la nature, qui généralement paraissait ensevelie dans les frimas, se ranime, et où les plantes presque sans vie jusqu'à ce moment sortent de leur léthargie, prennent de l'accroissement et se parent des plus belles couleurs dès l'instant qu'une douce chaleur commence à se répandre dans l'atmosphère.

2° *Fleurs estivales*, celles qui naissent dans l'été, comme l'OEILLET, la ROSE, le JASMIN et la grande généralité des fleurs.

3° *Fleurs automnales*, celles qui naissent dans l'automne que l'on appelle l'arrière-saison, comme le COLCHIQUE, les ASTERS et les REINES-MARGUERITES.

4° *Fleurs hibernales* ou *brumales*, celles qui, ainsi que le PERCE-NEIGE, l'ELLÉBORE NOIR et le BOIS-GENTIL, naissent dans l'hiver, que l'on appelle la morte-saison et qui est plutôt la saison de préparation et de réintégration, puisqu'elle rend à la terre l'humidité qui s'en est évaporée pendant l'été et qui est si utile pour décomposer les sels qu'elle contient et qui doivent se combiner avec les engrais.

MARCHE DE L'ÉPANOUISSEMENT.

La marche de l'épanouissement des fleurs, à très peu d'exceptions près, est la suivante :

Dans les fleurs en épi, et dans les divers genres qui s'y rattachent, les fleurs inférieures se développent en premier et ainsi de suite en montant de la base au sommet.

Dans les fleurs en ombelles, au contraire, et dans les divers genres qui s'y rattachent, les fleurs les plus éloignées de la tige supérieure se développent en premier et ainsi de suite en se rapprochant de la circonférence au centre.

Le développement de la plante se fait d'ailleurs en général d'une manière lente et progressive, et cependant quelquefois la plante se développe avec une rapidité extraordinaire ; ce qui dépend d'abord de la nature particulière de la plante, et ensuite de l'influence plus ou moins grande de la chaleur.

FLEURS SIMPLES OU DOUBLES.

On entend, mon cher ami, par division des

fleurs en *simples, doubles* et *pleines* le passage des *fleurs naturelles* ou fleurs des champs, des bois et des forêts, en *fleurs artificielles* ou fleurs des parterres , des jardins et des serres , par la culture qui en fait successivement diminuer les étamines pour en faire des pétales, et l'on appelle suivant cette division :

1° *Fleurs simples* celles qui ont seulement le nombre de pétales que comporte leur espèce naturelle , telle que la ROSE SIMPLE ou la ROSE DES BOIS que l'on appelle *églantier* et qui , à l'instar de presque toutes les fleurs des champs, n'a que cinq pétales et de nombreuses étamines.

2° *Fleurs doubles* celles qui acquièrent plus de pétales qu'elles n'en ont dans leur état primitif, telles que la ROSE DOUBLE ou la ROSE DES JARDINS qui a tant de variétés et qui , à l'instar de presque toutes les fleurs des parterres , a un nombre considérable de pétales et un beaucoup moins grand nombre d'étamines.

3° *Fleurs pleines* celles dont toutes les étamines ont été changées en pétales, telles que la ROSE PLEINE qui a de si belles et si vives couleurs et des parfums si délicieux et si exquis.

COULEURS ET PARFUMS DES FLEURS.

Je suis naturellement amené, mon cher ami,

à te parler des *couleurs* et des *parfums* des fleurs et c'est par ces considérations que je terminerai cette lettre sur les fleurs. Ces détails d'ailleurs ne doivent être regardés par toi que comme simple objet de curiosité, et je t'avertis que tu dois seulement t'attacher à en saisir l'ensemble ou l'esprit général plutôt que de t'attacher sérieusement aux chiffres qui, malgré l'exactitude apportée à les classer, n'ont pu être, comme tu le sens bien, calculés que d'une manière approximative.

COULEURS DES FLEURS.

En général, mon cher Tibulle, les fleurs prennent les nuances les plus variées et se présentent en grande quantité sous les couleurs principales : blanc, jaune, rouge, bleu, violet, vert, orange, brun et noir ; et sous les couleurs intermédiaires : gris, azuré, incarnat, rose, pourpre, lilas, vermillon, etc., etc., que l'on a comptées au nombre de plus de quatre-vingts nuances plus ou moins différentes.

En laissant de côté les nuances intermédiaires, et ne nous arrêtant qu'aux neuf premières couleurs que nous venons de citer, les calculs qui ont été établis démontrent que sur 1000 espèces de fleurs on compte :

Fleurs de couleur blanche	284
Fleurs de couleur jaune	226
Fleurs de couleur rouge	220
Fleurs de couleur bleu-indigo	144
Fleurs de couleur violette	72
Fleurs de couleur verte	36
Fleurs de couleur orange ou bronze	12
Fleurs de couleur brune	4
Fleurs de couleur noire	2
Ensemble les neuf couleurs	1000

Il résulte de ces observations :

1° Que la couleur blanche est la plus répandue.

2° Que parmi les trois principales couleurs, la jaune est la plus commune ; que la rouge la suit de très près et que la bleue ou indigo est la plus rare.

3° Que dans les trois nuances intermédiaires la violette est la plus nombreuse, puis ensuite la verte, puis après l'orange.

4° Enfin que le brun et le noir, qui ne se présentent pas dans l'arc-en-ciel, sont extrêmement rares dans les fleurs.

ODEURS DES FLEURS.

On a souvent essayé, sans aucun résultat positif, de diviser méthodiquement les odeurs des fleurs; cependant, sauf quelques parfums intermédiaires, elles peuvent être à peu près classées en sept grandes divisions générales :

1° Les *odeurs aromatiques* comme l'ORANGER et le LAURIER.

2° Les *odeurs ambrées* ou *musquées* comme le GÉRANIUM EXOTIQUE et le MALVA MOSCHATA.

3° Les *odeurs suaves, douces et gracieuses*, comme la ROSE, le JASMIN, le TILLEUL et la BELLE-DE-NUIT.

4° Les *odeurs alliacées* comme l'AIL, l'ASSAFŒTIDA et la GERMANDRÉE DES MARAIS.

5° Les *odeurs de bouc* comme le MILLEPERTUIS et le CHÉNOPODE FÉTIDE.

6° Les *odeurs stupéfiantes* ou *soporifiques* comme le PAVOT, l'OPIUM, l'HYÈBLE et les SOLANÉES.

7° Les *odeurs anaxeuses* ou *nauséabondes* et d'une fétidité révoltante, comme certaines plantes vénéneuses, et particulièrement le DRACUNTIUM et le STAPELIA, qui ont l'odeur de bêtes mortes à un tel point que souvent les mouches qui recherchent les cadavres putréfiés vont déposer des œufs sur leurs pétales.

RAPPORT DES ODEURS AUX COULEURS.

Je te dirai encore en terminant, mon cher ami, qu'en établissant les rapports qui existent entre les diverses fleurs et les parfums qu'elles exhalent, on a obtenu les résultats suivants :

1° Que le dixième seulement des fleurs est classé dans les fleurs odorantes ; c'est-à-dire que, sur dix fleurs, il y en a neuf auxquelles on ne reconnaît pas d'odeur.

2° Que dans les neuf couleurs que je t'ai indiquées dans les calculs précédents, les fleurs odorantes se trouvent dans les proportions suivantes : les fleurs blanches 15 sur 100, contre les rouges 9 sur 100, les vertes 8, les jaunes et les violettes chacune 7, les oranges et les brunes chacune 6, les bleues 5, et les noires aucune.

3° Que quant aux rapports qui existent entre les fleurs à odeurs agréables et les fleurs à odeurs désagréables, les blanches en comptent 175 agréables contre 12 désagréables, les rouges 76 contre 9, les jaunes 61 contre 4, les bleues 23 contre 7, les violettes 17 contre 6, les vertes 10 contre 2 ; et, au contraire, les oranges 2 désagréables contre 1 agréable, et les brunes aucune d'agréable.

4° Enfin que, proportions gardées, les fleurs blanches émettent bien plus souvent une odeur agréable que celles qui sont colorées ; car l'ensemble de ces différentes remarques fait voir que les blanches comptent de 14 à 15 plantes à odeur agréable contre 1 seule à odeur désagréable, tandis que tu verras des fleurs colorées n'en présenter que 6 à 7 à odeur agréable contre 1 désagréable.

Apprends enfin, mon cher ami, si tu veux faire avec Léonie l'expérience de ces diverses observations, que le moment de la journée le plus favorable pour apprécier les variétés des odeurs des plantes est le soir, après le coucher du soleil ; car alors les particules ou petites parties aromatiques, musquées, alliacées ou autres, que la chaleur du soleil avait fait élever pendant le jour, retombent sur la terre, et peuvent par conséquent mieux, agréablement ou désagréablement, affecter notre odorat.

Léonie doit être maintenant satisfaite, mon cher Tibulle; elle est à même d'étudier les différentes espèces des *fleurs*. Elle aura bientôt à t'adresser également ses félicitations; car, dans ma première lettre, nous passerons à l'explication des *fruits*.

LETTRE XVIII.

LES FRUITS.

La maturation, structure du fruit, division des fruits.

Oui certainement, mon cher ami, tu sauras en lisant ces lettres comment est formée la POIRE, ce que contient l'AMANDE, et comment est attachée la GROSEILLE ; mais il faut procéder avec

méthode si tu veux te rendre un compte exact de tous ces curieux détails. Tu sais bien que Léonie, avant d'arriver aux formes, aux couleurs et aux parfums des fleurs, a eu la patience d'apprendre toutes les expressions ingrates de pistils, de calices, de sépales, d'anthères et de stigmates ; il t'en faut faire de même aujourd'hui, Tibulle, et tu dois d'abord étudier avec beaucoup d'attention ce que l'on entend par les expressions aussi arides de *péricarpe*, *épicarpe*, *endocarpe*, *mésocarpe*, *cloisons*, *valves*, *sutures*, etc., etc., si tu veux bien comprendre le fruit : mais apprends d'abord ce que l'on entend par *maturation*.

LA MATURATION.

Je t'ai dit, mon ami, en te parlant de la floraison, que l'ovaire du pistil contenait de petits ovules ou petits œufs qui doivent plus tard devenir des graines servant à la reproduction ; la *maturation*, ou le passage de cet ovaire à l'état de fruit parfait, est le progrès successif des fruits vers leur maturité, c'est-à-dire l'état où les fruits sont arrivés à leur développement complet, ou, en d'autres termes, c'est le moment où les *pédoncules* ou *queues* qui portent les fruits perdant leur consistance, les fruits se détachent d'eux-mêmes de l'arbre qui les a produits.

Les progrès de la maturation sont donc marqués par le développement de l'ovaire dont la structure éprouve en grandissant un changement total ; c'est alors que les étamines tombent, que la corolle se flétrit, que le pistil seul persiste, et que les sucs nourriciers que prend la plante par ses racines et ses feuilles ne sont plus que pour lui et son ovaire qui grossit, se développe chaque jour davantage et s'organise enfin de manière à former le fruit.

STRUCTURE DU FRUIT.

Le fruit se divise en deux parties principales, le *péricarpe* et la *graine*.

Le *péricarpe* est la partie du fruit qui enveloppe la graine, ou plutôt toute la partie du fruit qui n'est pas la graine.

Et la *graine* est la partie du fruit renfermée dans le péricarpe et qui contient le principe d'une nouvelle plante de la même espèce, ou en d'autres termes le rudiment qui doit reproduire un végétal semblable à celui dont il provient.

Le péricarpe et la graine étant donc deux parties essentiellement distinctes du fruit, je t'expliquerai seulement aujourd'hui tout ce qui a rapport au péricarpe, et je te réserverai pour ma première lettre l'explication de la graine.

STRUCTURE DU PÉRICARPE.

Le péricarpe se divise en trois parties distinctes, l'*épicarpe*, le *mésocarpe* et l'*endocarpe*.

L'*épicarpe* est la partie extérieure vulgairement appelée la *pelure* ou la *peau*, comme dans la PÊCHE ou le BRUGNON.

Le *mésocarpe* est la partie intermédiaire vulgairement appelée la *chair*, comme dans la PRUNE et le COING, ou la *pulpe*, comme dans la GROSEILLE et le RAISIN.

L'*endocarpe* est la partie tout à fait intérieure immédiatement appliquée contre la graine dans le but de la préserver de toute atteinte et vulgairement appelée le *pepin*, comme dans la POIRE et la POMME; ou le *noyau*, comme dans l'ABRICOT et la CERISE.

AUTRES DIVISIONS DU PÉRICARPE.

Le péricarpe comprend encore des *valves*, des *sutures*, des *cloisons* et des *loges* qui servent à distinguer ses différentes séparations d'après le nombre de graines qu'il contient.

Les *valves* étant les pièces dont le péricarpe est formé, on le dit *univalve* quand il n'a qu'une valve comme la NOISETTE; *bivalve* quand il en a deux comme la NOIX; *trivalve* quand il en a trois comme la NOLETTE ; et *multi-valve* quand il en a un nombre indéterminé comme le LIN, qui en a dix ou douze.

Les *sutures* sont les lieux où les valves se joignent, et par conséquent il y a autant de sutures que de valves.

Les *cloisons* sont les petites toiles qui divisent l'intérieur du péricarpe et qu'il ne faut pas confondre avec les valves dont le prolongement seul forme les cloisons en rentrant dans l'intérieur du fruit et en le divisant en compartiments comme dans l'ASTRAGALE.

Les *loges* sont les cavités formées par les cloisons, et par conséquent quand il n'y a pas de cloisons il n'y a qu'une loge au péricarpe, qui est alors appelé *uniloculaire ; biloculaire* quand il y en a deux, et par suite *multiloculaire* quand il y en a plusieurs.

Je t'ai déjà dit d'ailleurs que l'ovaire était également *uniloculaire, biloculaire, triloculaire*, etc. , etc. ; et généralement, sauf quelques exceptions , le nombre des loges du fruit répond au nombre des loges de l'ovaire.

DIVISION DES FRUITS.

Quoique le péricarpe ne soit qu'une partie du fruit, on a ordinairement l'habitude de donner le nom général de *fruit* à ce qui, dans le *langage botanique*, n'est réellement que le péricarpe ; cependant, mon cher ami, je conserverai dans cette lettre le langage du monde, qui te sera plus familier, en te faisant toutefois bien remarquer que par la division des fruits j'entends la division des péricarpes.

Les *fruits* ou *péricarpes* se divisent donc en deux grandes classes principales :

Les *fruits à péricarpe dur et sec*, c'est-à-dire ceux dont le mésocarpe est réduit à une simple peau ou pellicule, ou en d'autres termes l'épicarpe.

Et les *fruits à péricarpe mou et charnu*, c'est-à-dire ceux dont le mésocarpe est considérable, mou et succulent.

Je vais successivement t'expliquer leurs divisions.

FRUITS DURS ET SECS.

Les fuits durs et secs sont eux-mêmes divisés en deux classes distinctes.

Les *fruits secs déhiscents*, c'est-à-dire ceux qui s'ouvrent d'eux-mêmes à leur maturité, et qui, d'après leurs différentes conformations, ont reçu les noms particuliers de *gousse,*

silique, *silicule*, *capsule*, *pixide*, *follicule* et *cosse*.

Et les *fruits secs indéhiscents*, c'est-à-
dire ceux qui ne s'ouvrent pas d'eux-mêmes à
leur maturité, et qui, d'après leurs différentes
conformations, ont reçu les noms particuliers
de *noix*, *cariopse*, *samare*, *strobile* et
bougue.

FRUITS SECS DÉHISCENTS.

La *gousse* est le fruit-légume caractérisé par
ses graines qui ne sont attachées que sur des
bords latéraux, et qui n'a qu'une seule loge
formée de deux valves ordinairement allongées,
comme la LENTILLE, le HARICOT et le GENÊT.

La *silique* est un fruit également allongé,
mais dont les graines sont fixées sur les deux
bords latéraux, et qui est formé par deux valves ou *valvules* placées l'une sur l'autre, et
de plus séparées par une division fort mince
appelée *cloison médiane*, comme la GIROFLÉE,
le CRESSON, le NAVET, la RAVE et la SENSITIVE.

La *silicule* est la même chose que la silique,
mais avec la condition d'être à peu près aussi
large que longue, comme la LUNAIRE, la THLASPI
et le COCHLÉARIA.

La *capsule* n'a pas de forme absolument

précise , mais c'est d'abord une enveloppe charnue qui devient sèche en mûrissant , s'ouvre par les valves et en laisse échapper la graine comme le LIS, la TULIPE, l'OEILLET et la CAMPANULE.

La *pixide*, que l'on appelle aussi *boîte à savonnette*, est une espèce de capsule qui s'ouvre en deux valves posées l'une sur l'autre comme le MOURON et la JUSQUIAME.

La *follicule* est une enveloppe composée d'une seule valve qui s'ouvre longitudinalement d'un seul côté comme la PIVOINE, l'APOCIN et le LAURIER-ROSE.

Et les *cosses* sont des enveloppes de même nature, mais dont toutes les graines sont attachées à la même suture, comme les POIS et les FÈVES.

FRUITS SECS INDÉHISCENTS.

La *noix* est le fruit presque toujours ligneux, ou tenant du bois, qui ne contient qu'un très-petit nombre de graines et qui a un péricarpe osseux , souvent recouvert d'une peau épaisse qui s'appelle *brou*, et dont le goût est acide et même très-âpre, comme les AMANDES et les BORAGINÉES.

Le *cariopse* est un fruit à une seule graine

dont le péricarpe est tellement adhérent, qu'il est impossible de le distinguer du tégument propre de la graine, comme le BLÉ, l'AVOINE, l'ORGE et le SEIGLE.

La *samare* est un fruit coriace, membraneux, très-comprimé et souvent garni d'appendices ailés, comme l'ORME, l'ÉRABLE, le BOULEAU et le FRÊNE.

Le *strobite* est un fruit à péricarpe composé d'écailles plus ou moins épaisses qui le recouvrent comme les tuiles d'un toit, et au-dessous desquelles sont attachées les graines, comme le PIN, le MÉLÈZE et le CYPRÈS.

La *bougue* ou *bogue* est enfin un fruit dont le péricarpe est armé de pointes menaçantes comme dans le CHATAIGNIER et le MARRONNIER.

FRUITS MOUS ET CHARNUS.

Les *fruits mous et charnus*, qui sont tous compris dans la même classe générale, ont, d'après leurs différentes conformations, reçu les trois qualifications particulières de *baie*, *drupe*, et *pomme* ou *fruit à pepin*.

La *baie* est le fruit qui n'a pas de loges distinctes, et dont les graines sont éparpillées au milieu d'une pulpe abondante et pleine de sucs comme la GROSEILLE, l'ORANGE, le RAISIN, la MURE, la FRAMBOISE et la FRAISE.

La *drupe* est le fruit ayant au milieu de son péricarpe des *noyaux* osseux qui contiennent la graine, comme la PÊCHE, l'OLIVE, l'ABRICOT, la PRUNE et la CERISE.

La *pomme* ou le *fruit à pepin* a un péricarpe dont la chair est plus ferme que celles de la baie et de la drupe, et au centre duquel se trouvent de petites capsules divisées en plusieurs loges que l'on nomme *pepins* et qui renferment la graine comme la POMME, la POIRE, la NÈFLE et le COING.

Telles sont, mon cher ami, les divisions générales des fruits. — Dans quelques jours je te parlerai de la *graine*.

LETTRE XIX.

LES FRUITS.

La graine, l'épisperme, l'amande, le germe.

Pour terminer dans cette lettre ce qui regarde le fruit, je n'ai plus, mon cher ami, qu'à te parler de tout ce qui a rapport à la graine ; nous avons donc encore quelques mots nouveaux à apprendre, mais ce sont à peu près, je l'espère, les derniers de ce genre que tu as à recevoir dans notre correspondance.

STRUCTURE DE LA GRAINE.

La graine comprend aussi deux parties bien distinctes :

1º *L'épisperme* qui est le tégument vulgairement appelé la *peau*, qui sert d'enveloppe à l'amande proprement dite et qui adhère d'autant plus que le fruit est plus avancé en maturité.

2º *L'amande* qui contient le *germe* qui est le rudiment ou le principe de la nouvelle plante, et qui par la germination doit plus tard reproduire une plante semblable à celle qui l'a formée.

STRUCTURE DE L'ÉPISPERME.

L'*épisperme*, quoique très-mince, est lui-même composé de deux parties ou deux *tuniques propres*.

1° Le *test* ou *tunique extérieure*, partie très-lisse, ordinairement facile à découvrir et qui donne passage aux sucs nourriciers à l'époque de la germination.

2° La *membrane* ou *tunique intérieure*, partie très-mince, souvent très-difficile à découvrir, et qui est plus ou moins adhérente au test suivant l'âge de la graine.

STRUCTURE DE L'AMANDE.

L'*amande* qui constitue ce que l'on appelle le *corps cotylédonaire* est quelquefois composée d'un seul *lobe* ou *cotylédon* qui contient le germe, ou de deux lobes ou cotylédons entre lesquels se trouve le germe que l'on appelle encore la *plantule*.

Dans le premier cas, la plante n'ayant qu'un seul cotylédon est dite *monocotylédone;* dans le second cas, ayant deux cotylédons, elle est dite *dicotylédone,* il y a encore un troisième cas où la plante n'a pas un seul cotylédon, et alors

elle est dite *acotylédone*. C'est de cette différence de l'absence totale ou de la présence d'un
ou de deux cotylédons que viennent en général
les formes, les caractères et les mœurs des
fleurs.

STRUCTURE DU GERME.

Enfin le *germe* lui-même contient deux
organes principaux bien distincts :

La *radicule* qui est le principe des racines
de la nouvelle plante, et qui se tourne toujours
dans le sol de manière à s'enfoncer dans la
terre.

La *plumule* qui est le principe de la tige et
des feuilles primordiales, et qui se tourne toujours dans le sol de manière à s'élever dans
l'air.

Et je te ferai remarquer ici que telle est la
puissance qui fait prendre ces directions à ces
deux parties différentes du germe, que si, avant
le développement de la graine, on la place, avec
intention et avec soin, dans la terre en mettant
la radicule ou le *rudiment des racines* en
haut, et la plumule ou le *rudiment de la tige*
en bas, la graine se retourne bientôt d'elle-
même pour germer.

Que si, lorsque la germination a commencé

de dans l'ordre naturel, des obstacles, tels que fortes pierres ou des racines voisines, viennent changer momentanément l'ordre de ces directions, leur propre force naturelle les y ramène encore assez promptement.

Tu pourras d'ailleurs t'assurer toi-même de cette vérité en semant des graines dans un tube de verre garni de terre, et en plaçant ce tube dans une position verticale ; lorsque la radicule sera un peu développée , renverse le tube , et bientôt après tu verras la radicule changer de route pour se diriger de nouveau vers le centre de la terre.

Cette même expérience a été faite dans un globe sphérique rempli de terre et placé sur une manivelle à laquelle on faisait toujours décrire un mouvement de rotation ; la radicule s'est constamment tortillée tout à l'entour de la graine en suivant sans cesse le mouvement de rotation, et elle a fini par périr quand, touchant les parois du verre, elle n'a pu s'allonger davantage : ce qui te prouve clairement qu'elle avait constamment tendu au centre de la terre.

Enfin je t'indiquerai encore une autre expérience qui te conduira au même résultat. Choisis une plante tout à fait poussée hors de terre et formant même déjà un petit arbrisseau,

déplante-la pour remettre les feuilles en terre
et les racines en l'air, et bientôt tu verras ces
forces productrices se détourner pour changer
de direction ; les racines pousseront des feuilles,
et les feuilles pousseront des racines.

NOURRITURE DU GERME.

Tu ne liras pas, j'en suis sûr, avec moins
d'intérêt les détails curieux de la première
nourriture du germe.

Comme la graine est destinée à se séparer
plus tard de la plante, la nature lui a donné
des *organes de nutrition* qui lui sont propres
et qui lui permettent d'exister lorsqu'elle n'a

plus de rapport avec la plante-mère ; ces organes, ou plutôt ces nourrices, sont les cotylédons dont nous venons de parler, et qui contiennent des parties très-lâches ou des réservoirs dans lesquels sont des espèces de petites éponges remplies de sucs laiteux qu'ils communiquent au germe, soit lorsqu'il est encore dans son enveloppe, soit lorsqu'il est déjà mûr dans la terre où son âge trop tendre ne lui permet pas de digérer la nourriture trop grossière du sol, et comme l'enfant se nourrit d'abord avec le lait de sa nourrice avant de manger des aliments ordinaires.

Et par suite de leur destination à l'égard de la plante, les cotylédons-nourrices, dès que le germe est assez développé pour n'avoir plus besoin d'assistance, abandonnent bientôt leurs nourrissons, se fanent aussitôt et périssent. Ainsi la graine ne prend pas sa première nourriture ou ses premiers sucs dans la terre, et ce n'est que lorsqu'elle est ouverte qu'elle commence à sucer des sucs par ses racines.

Dans ma première, mon cher Tibulle, nous parlerons des *reproductions naturelles* et *artificielles* des végétaux.

LETTRE XX.

REPRODUCTION DES PLANTES.

Reproduction artificielle, reproduction naturelle, dissémination, germination.

Maintenant, mon cher Tibulle, que nous avons suivi le végétal dans toutes les fonctions de sa vie, que nous avons vu pousser et grandir les racines, sortir de terre et ramifier les tiges, épanouir et faner les fleurs, mûrir et tomber les fruits, et que par conséquent nous avons passé par toutes les périodes de l'existence des plantes, l'enfance et le jeune âge, l'adolescence et la jeunesse, la puberté et la virilité, la vieillesse et la décrépitude, il ne me reste plus qu'à te parler de leur reproduction, c'est-à-dire à t'enseigner comment de nouvelles plantes succèdent aux anciennes, ou, en d'autres termes, à t'expliquer la naissance des végétaux.

REPRODUCTIONS NATURELLES ET ARTIFICIELLES.

Cette reproduction, mon cher ami, peut avoir lieu de deux manières tout à fait différentes :

1° La *reproduction par rameaux* ou

par l'art des agriculteurs, et que l'on appelle *reproduction artificielle*.

2° La *reproduction par graines* ou *par la dissémination*, et que l'on appelle *reproduction naturelle*.

REPRODUCTION ARTIFICIELLE OU PAR RAMEAUX.

J'ai à dessein, mon cher ami, placé la reproduction artificielle en première ligne, parce que mon intention est seulement de te l'indiquer; comme elle consiste entièrement dans les principales opérations de jardinage, telles que la *greffe*, la *marcotte*, la *bouture* et la *bulbille*, tu concevras que je ne peux la traiter dans ces instructions de botanique, et que son explication trouvera une place plus convenable dans l'ouvrage que je te promets depuis long-temps sur les *petits jardins du jeune âge*. Nous y reviendrons donc dans une autre correspondance; je laisse aujourd'hui de côté les moyens de reproduction inventés par les hommes, pour arriver aux moyens de reproduction employés par la nature.

REPRODUCTION NATURELLE OU DISSÉMINATION.

La *dissémination* est le nom donné aux *semis naturels* qui se font par la chute des graines au moment de la maturité des fruits, et elle a pour but de placer ces graines dans des conditions favorables à leur développement : car tu dois bien concevoir que toutes les graines qui, à l'époque de la maturité, tombent des fruits de la plante-mère, ne sauraient végéter et croître dans le petit espace de terre où leur chute naturelle les rassemble ; il faut donc qu'elles aillent chercher ailleurs d'autres terrains où elles puissent convenablement produire, et c'est encore ici, mon cher ami, que l'on doit surtout reconnaître l'admirable prévoyance de la nature.

DISSÉMINATION PAR LES VENTS.

Les unes sont garnies d'espèces d'*aigrettes*, de *volants*, de *duvets*, de *panaches*, d'*ailerons* et autres *appendices ailés* à l'aide desquels les vents les emportent à de grandes distances comme les graines du PISSENLIT, de l'ÉRABLE, de l'ORME, du BOULEAU, du FRÊNE, du CHARME, de la LAITUE, du SAPIN et du CHARDON.

Et c'est particulièrement par cette circonstance du transport lointain des graines que Léonie peut expliquer les *mauvaises herbes* qu'elle voit sans cesse reparaître dans son petit jardin, malgré la grande attention qu'elle apporte chaque jour à en arracher les racines.

DISSÉMINATION PAR LES RIVIÈRES.

Les autres, destinées à franchir de grandes distances avec le secours des fleuves et des rivières, sont contenues dans des boîtes osseuses ou capsules qui leur servent de nacelles et les préservent ainsi de l'humidité des eaux qu'elles parcourent, comme les cocos, les NOIX et les NOISETTES.

Et comme c'est précisément à l'époque de la maturité qu'ont ordinairement lieu les débordements des fleuves, c'est en se retirant que d'une part ils laissent sur le sol ces graines qu'ils lui ont apportées, entourées d'un limon qui doit favoriser leur germination, et d'autre part en emportent d'autres qu'ils vont également rejeter et faire germer sur des terrains plus éloignés.

DISSÉMINATION PAR LES ANIMAUX.

D'autres graines sont munies de petits *crochets* en forme de hameçon, au moyen desquels elles sont emportées par la laine des animaux qui les transportent ainsi dans d'autres contrées; et je te citerai à cette occasion une anecdote assez curieuse.

Lorsque l'ANÉMONE DES JARDINS, qui a des
graines de cette nature, fut apportée en France
par un fleuriste du nom de *Bachelier*, qui
voulait conserver ses fleurs pendant dix années
pour lui seul et sans en vendre une seule graine,
malgré les fortes sommes qui lui furent offertes

par un grand nombre d'amateurs, un con-
seiller au parlement, qui en était également

très-curieux, voulut en avoir malgré lui. A cet effet il se revêtit de sa longue robe de magistrat, alla voir M. Bachelier, et, sans lui parler de ses ANÉMONES, mais sous le prétexte de visiter avec lui ses beaux jardins, il le fit passer plusieurs fois près de la plate-bande d'ANÉMONES alors en graine ; et, laissant adroitement traîner sa longue robe contre les fleurs, les graines s'y attachèrent bientôt au moyen de leurs hameçons, et il se retira en trompant ainsi l'avare fleuriste qui ne soupçonnait rien de cette ruse et fut plus tard bien étonné de voir de ses ANÉMONES dans les autres jardins.

Il est encore plusieurs circonstances qui font transporter les graines par les animaux ; ainsi, quelques-unes sont renfermées dans des *baies* qui sont avalées par les oiseaux voyageurs, qui ne peuvent les digérer et les portent avec leur fiente sur le sommet des plus hautes montagnes, comme, par exemple, les fruits du MUSCADIER, qui sont souvent enlevés par un oiseau des montagnes, et les fruits du GUI, dont se nourrissent les grives qui ressèment chaque année cette plante parasite sur les pommiers, les chênes et les peupliers.

Nos chevaux, qui ne ruminent pas, ressèment aussi dans nos prairies, avec leur fiente,

la BRUYÈRE et le PETIT-GENÊT , dont ils ne digè-
rent pas les semences.

D'autres graines enfin sont emportées comme
nourriture dans les terres par certains quadru-
pèdes qui ne les détruisent pas toutes et en laissent germer une partie, comme, par exemple,
la marmotte qui enterre souvent les fruits ou
les graines du CHATAIGNIER.

NOMBRE CONSIDÉRABLE DES GRAINES.

La nature a encore beaucoup d'autres moyens
de dissémination, mon cher ami, tels, par
exemple, que les *capsules élastiques*, qui
se trouvent dans la plante même, et dont le
ressort lance les graines au loin à l'époque de
la maturité, comme dans le GENÊT COMMUN, la
FRAXINELLE, le CONCOMBRE SAUVAGE et la BALSA-
MINE, et d'autres procédés aussi naturels, et
que l'expérience seule t'apprendra. Je ne crois
pas d'ailleurs avoir besoin de te faire observer
que toutes les graines, disséminées d'une manière ou d'une autre, ne produisent pas, et
qu'il en est au contraire beaucoup qui restent
sans germer, car le nombre en est si considérable dans certains végétaux, que si chacune
de leurs graines devait procurer une plante
nouvelle, le produit des graines d'un terrain

de quelques lieues serait plus que suffisant pour couvrir toute la surface de la terre. Et tu le concevras facilement en apprenant que l'on a compté jusqu'à cent soixante mille graines dans un seul pied de TABAC, et de cinq à six cent mille dans un seul pied d'ORME. En supposant un moment une pareille fécondité à toutes les plantes, tu vois que la terre ne suffirait pas, au bout de quelques années, si les quatre-vingt-dix-neuf centièmes de ces graines n'étaient pas anéantis d'une manière ou d'une autre avant la germination.

LA GERMINATION.

Je viens, mon ami, de te parler de la *germination* des graines, j'ai donc à te donner la description de cet acte important, par lequel le germe d'une plante se sépare de la graine qui le renferme pour passer par la série de tous les phénomènes qui doivent opérer son développement.

Quelque temps après qu'elle est dans la terre la graine se réveille ; bientôt elle se gonfle, les cotylédons grossissent et l'enveloppe se rompt.

La radicule, qui s'est allongée, sort par cette ouverture de l'enveloppe pour s'enfoncer plus avant dans la terre.

La plumule, qui a également grandi, sort de terre entre les cotylédons, qui la nourrissent avec le lait de leurs éponges-mamelles et la protégent encore quelque temps contre l'air extérieur ; mais bientôt ces nourrices se flétrissent, fléchissent et meurent, et la jeune plante, abandonnée à elle-même, cherche, au moyen de ses racines, la nourriture qui doit achever sa germination.

La radicule, en s'enfonçant chaque jour davantage dans le sol, fait grossir les racines ; la plumule, en se développant également davantage en tige, fait à son tour pousser des branches, des rameaux et des ramilles ; viennent bientôt les boutons et les bourgeons : les uns se développent en feuilles, les autres se développent en fleurs, et plus tard les organes des nouvelles fleurs produisent de nouvelles graines, qui, à leur tour, produisent de nouveaux végétaux.

LEVER DE LA GRAINE.

Je dois te dire encore que les graines ne mettent pas toutes le même temps à lever, cette période dépend naturellement des époques des semences et des divers degrés de la température ; mais, indépendamment de ces circonstances accidentelles de saisons et de cultures, chaque espèce différente de plantes met habituellement plus ou moins de temps à paraître sur le sol.

Il y a, par exemple, certaines plantes qui ne mettent que deux jours à lever, comme le CRESSON ALÉNOIS; trois jours comme le NAVET et les ÉPINARDS, quatre jours comme l'ANET et la LAITUE, cinq jours comme le MELON et la COURGE, six jours comme le RAIFORT et la POIRÉE, sept jours comme l'ORGE et l'ARROCHE, huit jours comme le BLÉ et le MILLET, neuf jours comme le POURPIER, dix jours comme le CHÉNEVIS.

D'autres plantes mettent beaucoup plus de temps: telles que l'HYSSOPE, qui met un mois; l'AMANDIER, le PÊCHER et le CHATAIGNIER, qui ont besoin d'un an; et l'AUBERGINE, le CORNOUILLER, le NOISETIER et le ROSIER, qui ne lèvent pas avant deux ans.

Dans ma première, mon ami, je te parlerai du *sentiment des plantes.*

LETTRE XXI.

SENTIMENT DES PLANTES.

PREMIÈRE PARTIE.

Mouvement des plantes , instinct , prévoyance , plantes qui marchent , sommeil et réveil.

Je t'ai déjà dit, mon cher Tibulle, que les végétaux, quoique dépourvus de sensibilité réelle, étaient cependant doués d'une certaine irritabilité ou excitabilité qui les anime de mouvements en apparence volontaires et leur donne encore en quelque sorte le caractère de l'intelligence, et par ce mot *intelligence*, mon cher ami, je n'ai certainement pas prétendu dire que l'on trouvait chez les plantes la conception qui a été accordée aux animaux , et l'entendement particulier dont l'homme a été doué par la nature ; mais j'ai voulu te faire comprendre qu'il existe des végétaux qui présentent des phénomènes si constants de sensibilité et de mouvement que l'on serait tenté de les croire l'effet de leur propre volonté.

Ainsi nous avons déjà vu ces plantes grimpantes se contourner sans cesse les unes à droite, les autres à gauche, sans qu'il soit possible à l'agriculteur de les détourner ; nous avons vu ces deux parties distinctes de la graine, la radicule et la plumule, qui tendent continuellement la première vers le sol, la seconde vers la lumière, malgré les efforts de l'homme qui leur voit aussitôt prendre une nouvelle direction s'il tente un moment de les retourner. Ne pouvons-nous pas déjà entrevoir dans ces actes un premier *sentiment de ferme volonté ?*

Ne peut-on pas également apercevoir un *sentiment de patience et d'industrie* dans cette action qui fait éviter ou braver à la plante les puits, les murailles, les rochers et les obstacles de tous genres pour arriver à rencontrer une nourriture plus saine et une boisson plus abondante: car, si à quelque distance d'un arbre on creuse un fossé et qu'on y jette beaucoup de fumier, toutes les racines gourmandes voisines y arriveront bientôt, de même qu'elles se dirigeront toujours vers la terre nouvellement remuée, parce que la nourriture y sera plus facile à attraper; et si, dans un lieu sec et aride, on a mis un tuyau conduisant des eaux, les filaments des racines voisines se glissent bientôt à travers les pores de ce tuyau pour se désaltérer et grossir insensiblement en élargissant les pores du conduit, quelque dur qu'il soit, et finissent par y faire pousser une assez grande quantité de radicules très-minces et très-effilées que l'on appelle vulgairement des *queues de renard ?*

Ne peut-on pas encore appeler instinct ou *sentiment de conservation et de bien-être* ces divers mouvements de la jeune plante qui, élevée dans un endroit sombre et ombragé, se dirige constamment vers l'air et la lumière qui doivent l'alimenter comme l'enfant qui, à sa naissance, recherche aussitôt le sein de sa mère ?

De la feuille prévoyante, à son tour, qui tantôt se roule en entonnoir pour recevoir et faire arriver l'eau de la pluie jusqu'à ses jeunes boutons, et tantôt se forme en tente pour les garantir de l'ardeur du soleil ?

De la plante débile qui cherche continuellement un soutien sur la plante voisine et la suit dans toutes ses directions comme l'orphelin qui recherche et accompagne toujours son protecteur ?

De cette autre plante craintive et si délicate, de cette SENSITIVE si généralement connue, qui ferme ses feuilles ou sa corolle aux approches des passants comme la jeune fille timide et modeste qui, sous son voile, se dérobe aux regards ?

Ou bien encore de cette plante si ingénieuse, la DIONÆA MUSCIPULA ou l'ATTRAPE-MOUCHE, qui referme brusquement ses pétales armés de

longues dents qui se replient pour emprisonner
et percer l'insecte imprudent qui a voulu déro-
ber ses sucs et son miel, le serre d'autant plus
dans cette prison qu'il cherche à s'en échapper,
et ne rouvre enfin sa corolle qu'après l'avoir assez long-temps étouffé pour lui donner la mort?
Et n'est-ce pas là encore, mon ami, l'animal qui
attend et saisit sa proie en passant? N'est-ce pas
là le sentiment de l'industrieuse araignée qui
tend sa toile pour s'emparer de la mouche?

Te répétant d'ailleurs, mon cher Tibulle,
qu'il y aurait erreur et danger à donner à ces
divers sentiments l'acception entière de la perception animale, je demanderai si, lorsque l'on

a vu les plus savants naturalistes apporter long-
temps de l'incertitude dans la classification de

certaines productions de la nature, telles que les ÉPONGES et les CORAUX, que tantôt ils admettaient dans les végétaux et tantôt dans les animaux, en appelant les uns des *animaux plantes* et les autres des *plantes animales*, je demanderai, dis-je, si le doute, qui a si long-temps existé sur la perception de ces *matières animalisées* ou de ces *animations matérialisées*, ne doit pas, en nous mettant toutefois en garde contre toute exagération contraire, nous empêcher de refuser à certaines plantes toute espèce de sentiment et d'intelligence ?

DES PLANTES QUI MARCHENT.

En te parlant au commencement de ma correspondance de toutes les fonctions des organes des végétaux, mon cher ami, en te disant que les plantes respirent, transpirent, souffrent et se rétablissent comme les animaux, je me suis bien gardé d'ajouter qu'elles marchaient comme eux, car il est bien certainement de règle générale que les végétaux naissent, vivent et meurent sur le sol, à la place qui les a vus naître ; et cependant c'est avec la garantie d'un auteur dont tout le monde acceptera immédiatement le rapport (*), que je te dirai, et cela parce que l'il-

(*) Chateaubriand, Récit d'un voyage en Angleterre.

lustre historien l'a observé de ses propres yeux, qu'il existe sur les bords de l'Yar, petite rivière du comté de Suffolck, une plante, de l'espèce du CRESSON, qui change de place chaque jour en s'avançant par *sauts* et par *bonds :* cette plante a plusieurs chevelus dans ses racines, qui sont très-étendues ; lorsque ceux qui se trouvent à l'une des extrémités sont assez longs pour atteindre au fond de l'eau, ils y prennent racine : les griffes du côté opposé, continuellement tirées par l'action de la plante, qui s'abaisse sur un nouveau pied, finissent par lâcher prise et sortent de la terre ; la plante tournant alors sur son pivot, se déplace de toute la longueur qui existe entre les deux extrémités, et le lendemain on la cherche inutilement où on l'a laissée la veille et on l'aperçoit plus haut ou plus bas dans le courant de l'onde.

SOMMEIL ET RÉVEIL DES PLANTES.

Puisque nous parlons du sentiment de conservation, mon cher ami, je dois encore te dire que les plantes ont des moments de *repos* et des moments de *veille* que l'on appelle le *sommeil* et le *réveil des plantes ;* mais que les moments de repos ne sont pas les mêmes pour toutes les plantes : que, par exemple, les unes, qui ont reçu le nom de *fleurs diurnes*, et c'est la généralité des végétaux, se ferment pendant la nuit et s'épanouissent pendant le jour, tandis que les autres, qu'on a appelées *fleurs nocturnes*, telles, par exemple, que la BELLE-DE-NUIT, le NYCTAGE et le SILÈNE NOCTIFLORA, se ferment pendant le jour et s'épanouissent pendant la nuit ; mais que toutes alors changent plus ou moins d'apparence et de position, et qu'il en est même qui, pour se livrer au sommeil, tournent sur leurs articulations et referment entièrement leurs feuilles ou leurs folioles les unes sur les autres.

Ainsi, par exemple, les folioles du FÉVIER s'élèvent tous les soirs en décrivant un quart de cercle et s'appliquent face à face les unes sur les autres, c'est-à-dire par leur *face supérieure* ;

Tandis que les folioles de la CASSE s'abaissent chaque soir en décrivant le même quart de cercle et en tournant sur leurs articulations pour s'appliquer dos à dos les unes sur les autres, c'est-à-dire par la *face inférieure*.

La SENSITIVE ÉPINEUSE ouvre ses folioles tous les matins et les ferme tous les soirs : et l'on ne peut pas dire que la première de ces habitudes soit due à l'apparition de la lumière du jour, car en la plaçant dans un

lieu tout à fait obscur tu la verras s'ouvrir chaque matin ; ni que la seconde habitude soit due
à la cessation de la chaleur, car en plaçant la
plante dans une serre, même très-chaude, tu
la verras toujours se fermer à sept heures du
soir.

Je te citerai encore l'ACCACIA, dont les feuilles, qui étaient penchées dans la nuit, s'élèvent
horizontalement avec le lever du soleil, se re-
dressent encore un peu quand la chaleur commence, pour avoir leurs pointes tout à fait tournées vers le ciel à midi, et s'abaissent insensiblement après midi, pour être tout à fait
pendantes dans la nuit ; tandis que les feuilles
du BAGUENAUDIER, qui suivent la marche
toute contraire et qui se sont élevées pendant
la nuit, s'étendent horizontalement avec le lever du soleil, s'abaissent un peu quand la chaleur commence, pour avoir toutes leurs pointes
tournées vers le sol à midi, et se relèvent insensiblement après midi, pour être tout à fait
relevées pendant la nuit.

Je remets à ma dernière lettre, mon cher
ami, quelques autres particularités curieuses
de la constitution des plantes.

LETTRE XXII ET DERNIÈRE.

SENTIMENT DES PLANTES.

DEUXIÈME PARTIE.

Horloge des fleurs, calendrier de Flore, boussole des plantes, acte de naissance des végétaux; nouveaux projets de correspondance.

Bien que tu aperçoives encore l'expression *sentiment des plantes* en tête de cette lettre, mon cher Tibulle, les particularités qu'il me reste à t'indiquer sur les mouvements des végétaux peuvent plus facilement que les précédentes s'expliquer par les diverses variations de l'atmosphère, de l'air, de la lumière et de la plus ou moins grande chaleur du soleil; et néanmoins, comme ces principes météorologiques n'agissent pas tous de la même manière sur toutes les plantes et qu'au contraire les mêmes influences se font sentir d'une manière différente, et à des époques différentes, sur les différentes plantes, j'ai cru pouvoir encore te décrire sous le même titre général ce que l'on entend par *l'horloge des fleurs*, le *calendrier de Flore*, le *baromètre des fleurs*, la *boussole des plantes* et *l'acte de naissance des végétaux.*

HORLOGE DES FLEURS.

Il ne te sera pas difficile, par exemple, mon cher ami, de comprendre que les remarques des heures de sommeil et de réveil des fleurs ont naturellement conduit à établir ce que l'on appelle l'*horloge des fleurs*, en observant avec attention les heures différentes auxquelles chacune des fleurs ouvre ses feuilles ou ses pétales, et que par conséquent, avec cette connaissance, il suffit quelquefois d'interroger un parterre de fleurs pour savoir l'heure de la journée.

C'est ainsi que l'on a remarqué que la BARBE-DE-BOUC et le SALSIFIS DES PRÉS s'ouvrent à trois heures du matin; la CHICORÉE SAUVAGE et la CRÉPITE DES TOITS à quatre heures; le PISSENLIT et le LISERON à cinq heures; le LAITRON DES MARAIS et la SCORSONÈRE DES MURAILLES à six heures; la LAITUE et le SOUCI D'AFRIQUE à sept heures; le MOURON ROUGE et l'OEILLET PROLIFÈRE à huit heures; la MAUVE et le SOUCI DES CHAMPS à neuf heures; la POURPRE DES JARDINS et la FICOÏDE BARBUE à dix heures; la SUBLIME POURPRE et la FICOÏDE GLACIALE à onze heures et les autres FICOÏDES à midi.

Puis une espèce de POURPIER à une heure

après midi; une autre espèce à deux heures; la PULMONAIRE à trois heures; la BELLE-DE-JOUR à quatre heures; le NÉNUPHAR BLANC à cinq heures; le GÉRANIUM TRISTE à six heures; la BELLE-DE-NUIT à sept heures; le SILÈNE NOCTI-FLORA à huit heures; et le CACTUS à neuf heures.

Il faut toutefois te faire observer que l'épa-nouissement des fleurs avance ou retarde selon les saisons et aussi selon les latitudes. Les heu-res que je viens de t'indiquer sont celles de la la-titude de Paris, et on a estimé que dix degrés de latitude donnent une différence d'au moins une heure. Ces détails seront plus à ta portée lors-que nous aurons entrepris notre *correspon-dance astronomique*.

LE CALENDRIER DE FLORE.

Nécessairement, mon ami, les mêmes remar-ques devaient conduire à reconnaître les épo-ques de l'année où s'épanouit pour la pre-mière fois chaque espèce de fleurs : je t'ai déjà dit qu'elles avaient été divisées en fleurs du *printemps*, fleurs d'*été*, fleurs d'*automne*, fleurs d'*hiver* ; mais on est encore parvenu à établir un calendrier de Flore qui donne les époques de l'apparition des fleurs dans les dif férents mois de l'année.

C'est ainsi qu'en janvier l'on voit fleurir l'ELLÉBORE NOIR.

En février le NOISETIER, l'AUNE, le SAULE et le DAPHNÉ MEZERIUM.

En mars la GIROFLÉE JAUNE, le PÊCHER, le THUYA, la PRIMEVÈRE et l'ABRICOTIER.

En avril la TULIPE, la JACINTHE, l'ÉRABLE, l'ORME et le POIRIER.

En mai le LILAS, le MUGUET, la PIVOINE, le CHÊNE et le POMMIER.

En juin la DIGITALE, le COQUELICOT, la VIGNE, le FENOUIL, l'AVOINE et le TILLEUL.

En juillet les OEILLETS, la MENTHE, la CAROTTE, l'HYSSOPE, le HOUBLON et le CHANVRE.

En août la SCABIEUSE, la PARNASSIE, le CORÉOP- sis et la BALSAMINE.

En septembre le LIERRE, le COLCHIQUE, le CY- CLAMEN, l'AMARYLLIS et le SAFRAN.

En octobre l'ARALIA SPINOSA, l'ASTER MISER et l'HELIANTHUS TUBEROSUS

En novembre l'ASTER GRANDIFLORUS.

Et en décembre l'ANTHÉMIS GRANDIFLORA.

LE BAROMÈTRE DES FLEURS.

Enfin, mon cher Tibulle, je te rappellerai, ce

que je t'ai déjà dit dans mes lettres sur la météorologie et ce que je suis obligé de te répéter ici pour ne pas laisser une lacune dans notre correspondance de botanique , qu'il est certaines plantes qui ont la faculté de suivre dans leurs feuilles et dans leurs pétales les différentes variations de l'atmosphère ; et que cette propriété, qui est la conséquence du plus ou moins d'influence que produit sur leur organisation le plus ou moins d'intensité du froid ou de la chaleur, se fait naturellement reconnaître par les mouvements plus ou moins sensibles que leur font opérer les variations de la sécheresse et de l'humidité.

Et que c'est ainsi que le souci n'ouvre pas ses fleurs le matin s'il doit tomber de la pluie dans la journée, tandis qu'au contraire le LAITRON ne s'épanouit que s'il en doit tomber.

Que l'OSCALIS se ferme à l'approche d'un orage pour se rouvrir quand l'orage est dissipé ; que le PORLIERA ferme ses feuilles et incline tristement ses rameaux quand le ciel cesse d'être serein, et les relève et se rouvre avec le beau temps ; tandis que l'ALLELUIA, au contraire, ne relève ordinairement ses feuilles inclinées qu'à l'approche des temps humides et des orages.

Quelques fleurs changent également d'apparence lorsque le vent va se faire sentir; quelques-unes lorsqu'un nuage intercepte la lumière du soleil, et d'autres lorsqu'une grande quantité de fluide électrique annonce l'approche du tonnerre.

Je te rappellerai encore le NÉPENTHÈS, cette plante curieuse dont la fleur présente une espèce de godet ou de vase fermé et rempli d'un liquide salutaire pour les oiseaux et même quelquefois en assez grande quantité pour désaltérer un voyageur, et qui ne lève son couvercle que lorsque le ciel est pur et serein, et le baisse aussitôt qu'il devient nuageux.

Et je pense d'ailleurs que depuis que tu t'occupes de botanique tu as pu remarquer toi-même qu'en général un grand nombre de fleurs, sans se fermer entièrement, paraissent languissantes à l'approche d'un orage, relèvent leurs pétales plus brillants quand le beau temps doit être de longue durée, et que, par conséquent, c'est avec quelque raison que je te disais dans mes instructions météorologiques qu'un parterre où se rencontrent une grande quantité de fleurs différentes pouvait être considéré comme un véritable *baromètre*.

BOUSSOLE DES PLANTES.

J'espère, mon cher ami, que tu as encore présentes les explications que je t'ai données de la formation des couches successives de l'aubier et du bois parfait de la tige des arbres ;

des remarques nombreuses ont démontré que ces différentes couches n'ont pas, dans leur contour entier, la même épaisseur, et qu'au contraire elles sont toujours plus épaisses du côté qui regarde le midi, et par conséquent plus minces du côté qui regarde le nord : c'est pourquoi tu concevras facilement qu'un voyageur, qui se trouverait tout à fait égaré dans un bois, n'aurait qu'à couper et à examiner la tige d'un arbre pour se procurer une *boussole*, c'est-à-dire une indication du nord, qui le remettrait immédiatement dans sa route.

Les mêmes remarques ont d'ailleurs prouvé que les arbres qui se trouvent à la lisière des bois ont généralement les couches plus épaisses du côté extérieur du bois que du côté intérieur, ce qui vient de la plus grande quantité d'air qui leur arrive de la plaine.

ACTE DE NAISSANCE DES VÉGÉTAUX.

Enfin, mon cher Tibulle, tu sauras que de cette même propriété qu'ont les végétaux de produire chaque année dans leurs tiges une nouvelle couche d'aubier et une nouvelle couche de bois parfait, il résulte que, lorsque tu voudras connaître l'âge d'un arbre, il te suffira de couper horizontalement sa tige et de compter ses couches ligneuses.

Mais il est important de te faire observer que tu devras pour cela couper la tige près de la racine, ou du moins sur la partie du tronc qui n'a pas encore de ramification ; car si tu coupais une branche ou un rameau, au lieu d'avoir l'âge de l'arbre tu aurais l'âge de la branche ou du rameau : ce qui t'explique encore que l'on peut trouver sur un vieil arbre l'*acte de naissance* de tous ses enfants, petits-enfants, et rejetons les plus nouveaux de sa famille

POST-SCRIPTUM. Je suis obligé de m'absenter immédiatement, mon cher ami, et je ne pourrai t'écrire le dernier courrier que je me proposais de t'adresser la semaine prochaine, sur la *classification des plantes ;* mais j'en suis peu contrarié, car peut-être que ces nombreux détails auraient fatigué ta jeune mémoire, les expressions scientifiques qu'il m'eût fallu employer dans mes explications auraient pu te paraître fort arides aujourd'hui, et tu les liras avec plus de fruit dans notre correspondance ultérieure sur les *petites collections d'histoire naturelle.*

Tu concevras, en effet, mon cher Tibulle, après tout ce que je t'ai dit de l'organisation des plantes, quel nombre considérable on doit en compter, et de combien de natures, de genres, d'espèces et de variétés il doit en exister. C'est pourquoi, mon cher ami, pour éviter la confusion qui devait résulter de la réunion de tant d'individus différents, et afin d'en rendre la comparaison plus facile, on a senti le besoin des *méthodes*, ou *systèmes de classification*, dans lesquels on a, autant que possible, cherché à grouper ensemble et à rassembler dans les mêmes classes, dans les mêmes sections, dans les mêmes divisions, dans les mêmes subdivisions les plantes diverses qui peuvent avoir le plus de ressemblance ou de rapports par leurs formes, leurs caractères, leurs qualités, leurs mœurs et leurs habitudes : en un mot, l'on a divisé les végétaux comme l'on a divisé les hommes, en reconnaissant des *classes*, comme on a reconnu des nations ; des *ordres*, comme des tribus des différents peuples ; des *genres*, comme des familles de ces peuples ; des *espèces*, comme des individus de ces familles, et des *variétés*, comme les différences qui existent entre ces individus. C'est ce que je me propose de t'expliquer plus tard.

J'ai terminé ma correspondance de botanique élémentaire, mon cher Tibulle, et tout me fait espérer que si tu mets à profit, ainsi que ta jeune cousine, toutes les instructions que je vous ai adressées, vous pourrez souvent, à l'avenir, passer des moments agréables à la campagne. Relisez quelquefois ces lettres pendant l'hiver, mes bons amis, pour mieux en comprendre les détails ; et n'oublie pas surtout, toi, Tibulle, de te les remettre en mémoire au printemps, afin de pouvoir te livrer un peu plus tard aux amusements de la botanique sans trop distraire ton attention des *études astronomiques* qui devront faire le sujet de notre correspondance pendant les vacances de l'année prochaine.

FIN DE LA BOTANIQUE.

TABLE DES MATIÈRES [1].

(1) Indépendamment de cette table des matières, voir au commencement de ce volume le répertoire complet des expressions de botanique.

FIN DE LA TABLE.

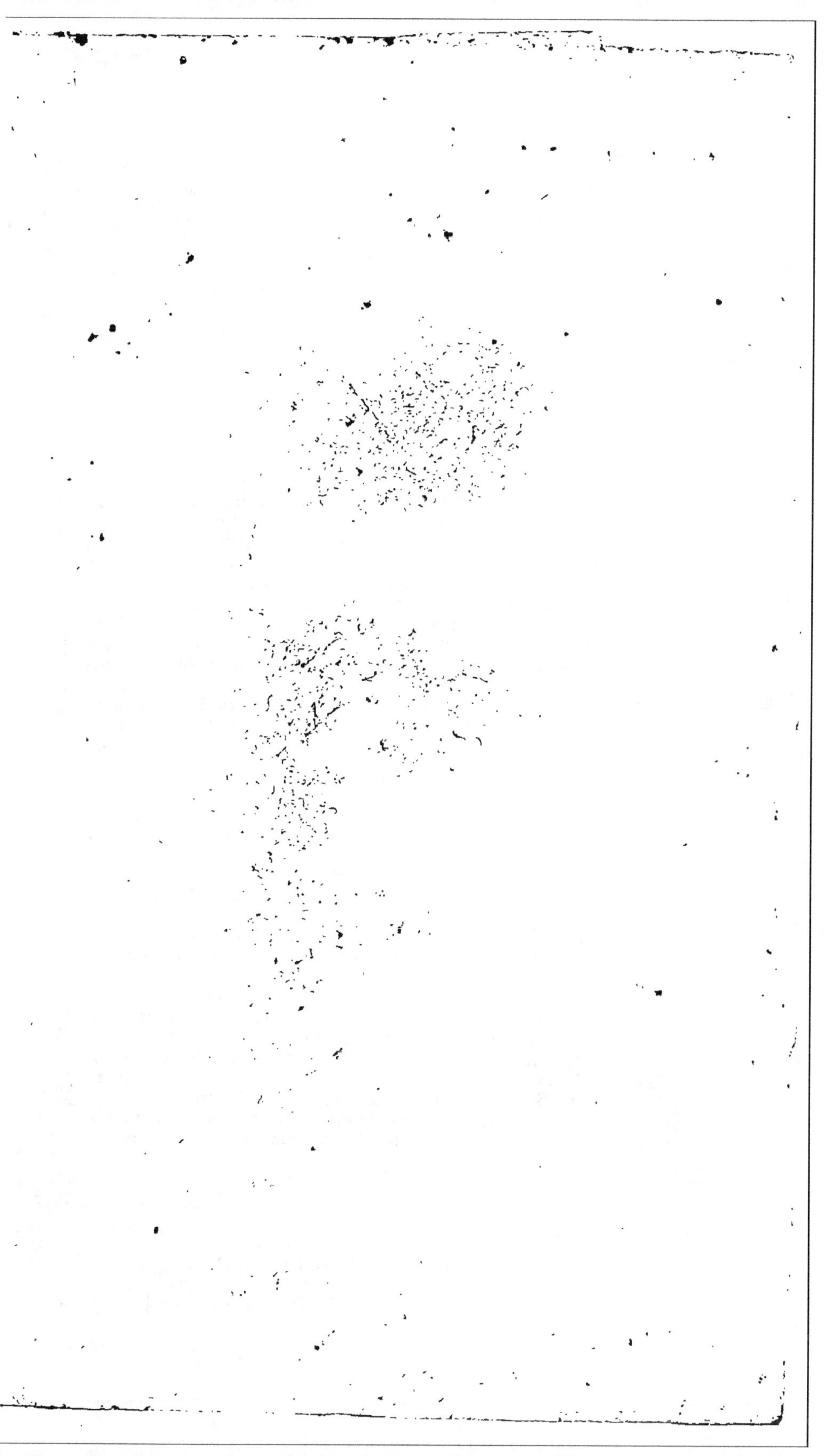

LETTRES A TIBULLE ET A LÉONIE.

PETITE BIBLIOTHÈQUE ILLUSTRÉE DU JEUNE AGE,

DES DEUX SEXES;

PAR TIMOTHÉE DEHAY.

Volumes parus.

ALMANACH DES ENFANTS, ou les Corps célestes, les Météores et les Plantes à la portée du jeune âge, avec des instructions pour les petits jardins d'enfants, l'éducation des vers à soie, l'établissement des volières, la formation des herbiers, et les chasses aux oiseaux, aux chenilles, aux insectes et aux papillons. Un vol. in-18, orné de 50 gravures par Forest et Vernier.   2 fr.

PETITE MÉTÉOROLOGIE DU JEUNE AGE, ou les Météores à la portée des enfants. Un vol. in-18, orné de 50 gravures par les mêmes.   2 fr.

PETITE BOTANIQUE DU JEUNE AGE, ou les Plantes à la portée des enfants. Un vol. in-18, orné de 50 gravures par les mêmes.   2 fr.

Volumes sous presse.

PETITE ASTRONOMIE DU JEUNE AGE, ou les Corps célestes à la portée des enfants. Un vol. in-18, orné de 50 gravur. par les mêmes.   2 fr.

PETITES CHASSES DU JEUNE AGE, ou les Piéges pour les oiseaux expliqués aux enfants. Un vol. in-18, orné de 50 gravures par les mêmes.   2 fr.

PETITE VOLIÈRE DU JEUNE AGE, ou l'Education des oiseaux expliquée aux enfants. Un vol. in-18, orné de 50 gravures par les mêmes.   2 fr.

PETITES COLLECTIONS D'HISTOIRE NATURELLE, ou la Chasse aux papillons, la formation des herbiers, la conservation des coquillages, minéraux, œufs et oiseaux empaillés. Un vol. in-18, orné de 50 gravures par les mêmes.   2 fr.

PETITS SORCIERS ESCAMOTEURS, ou les Tours d'escamotage, de cartes, de dés, de gibecière, etc., etc., dévoilés aux enfants. Un vol. in-18, orné de 50 gravures par les mêmes.   2 fr.

Paris. Imprimé par Béthune et Plon.